南京市街镇动物防疫工作指南

（2023年版）

汪恭富　赵昌喜　匡　伟　主编

东南大学出版社
SOUTHEAST UNIVERSITY PRESS

·南京·

图书在版编目(CIP)数据

南京市街镇动物防疫工作指南：2023年版 / 汪恭富，
赵昌喜，匡伟主编. — 南京：东南大学出版社，2023.9

ISBN 978-7-5766-0876-2

Ⅰ.①南… Ⅱ.①汪… ②赵… ③匡… Ⅲ.①兽疫-
防疫-南京-指南 Ⅳ.①S851.3-62

中国国家版本馆 CIP 数据核字(2023)第 176995 号

责任编辑:郭 吉 周 菊　　**责任校对:**韩小亮　　**封面设计:**王 玥　　**责任印制:**周荣虎

南京市街镇动物防疫工作指南

Nanjing Shi Jiezhen Dongwu Fangyi Gongzuo Zhinan

主　　编	汪恭富　赵昌喜　匡 伟
出版发行	东南大学出版社
社　　址	南京市四牌楼 2 号　邮编:210096　电话:025 - 83793330
出 版 人	白云飞
网　　址	http://www.seupress.com
电子邮箱	press@seupress.com
经　　销	全国各地新华书店
印　　刷	南京玉河印刷厂
开　　本	700 mm×1000 mm　1/16
印　　张	16.75
字　　数	260 千字
版　　次	2023 年 9 月第 1 版
印　　次	2023 年 9 月第 1 次印刷
书　　号	ISBN 978-7-5766-0876-2
定　　价	68.00 元

本社图书若有印装质量问题,请直接与营销部联系,电话:025 - 83791830。

编委会

前 言

　　基层畜牧兽医站和规模养殖场是动物疫病防控的两个关键点，为确保动物防疫各项工作措施在基层得到有效落实，自 2019 年开始，我站在全市范围内启动了"街镇动物免疫管理示范站"建设工作，先后建成 18 个示范站。为深入贯彻落实习近平总书记关于"人病兽防、关口前移"的重要指示精神，进一步加强基层动物防疫工作，在前期工作的基础上，结合修订的《中华人民共和国动物防疫法》《江苏省动物防疫条例》等法律法规和上级主管部门工作要求，我站组织技术力量及部分基层兽医人员和养殖者编写了《南京市街镇动物防疫工作指南（2023 版）》。

　　本指南内容主要包括街镇畜牧兽医站动物疫病防控总体要求、街镇畜牧兽医站各功能区基本要求、畜禽规模养殖场有关制度及记录表及相关附件等四个部分，通俗易懂，具有较强的可操作性和实用性。

　　我们希望，本指南能对新时代新形势下街镇畜牧兽医站动物防疫工作规范化建设、广大兽医工作者和养殖人员深入学习掌握动物防疫法律法规和相关业务知识与技能有所帮助，为进一步增强全社会"依法防疫、科学防控"意识，提高全市动物疫病防控水平发挥积极作用。

　　由于编者水平有限，时间仓促，不足之处恳请广大读者批评指正。

南京市畜牧兽医站
2023 年 6 月

目 录

CONTENTS

第三部分 畜禽规模养殖场有关制度及记录表

第四部分 附件

第一部分

街镇畜牧兽医站动物疫病防控工作总体要求

一 街镇动物防疫工作基本要求

街镇畜牧兽医站动物防疫工作的主要内容：宣传贯彻执行国家动物防疫法律、法规；配合组织实施动物防疫，负责畜禽标识及有关证章等领取、发放、使用；指导畜禽养殖场（户）实施动物疫病免疫，建立健全养殖和免疫档案；负责应急物资储备，开展动物疫情普查、调查、监测、疫情报告和风险评估；组织村级动物防疫员业务培训，指导畜禽养殖场（户）落实消毒、隔离、无害化处理等生物安全措施。

为强化基层兽医工作形象，促进街镇防疫管理工作规范，提升业务技术服务水平，街镇畜牧兽医站的建设应达到如下基本要求：

1. 形象标识：门立面悬挂"×××道（镇）畜牧兽医站"标示牌；根据门头尺寸、位置等具体情况，因地制宜悬挂"中国动物疫病防控"或"中国动防"标识；在醒目位置悬挂动物疫病报免点及犬类免疫点标识。

2. 功能布局：设立相应的功能室，主要包括服务大厅、办公室、会议培训室、值班室（应急室）、物资储藏室、报免室（犬防室）、实验室、档案资料室，并做到布局合理。

3. 规章制度：制定相关管理制度，并规范工作记录，必要制度应上墙公示。

4. 档案资料：主要包括半年、年度、专项工作总结，春防、夏防、秋防、犬防、血防、防疫物资管理及其他报表等要分类、及时、规范收集归档，"三大防疫行动"和其他材料分别按年度装订成册。

5. 队伍素质：注重人员素质提升，定期组织动物防疫人员参加专业技术学习、培训或外出观摩考察等，做好相关学习培训记录。学习培训主要内容包括动物防疫法律法规、动物疫病防控新技术、动物防疫管理新模式及免疫、采样、解剖操作技能等。

二 形象建设与功能布局

（一）门立面标识图（式样）

1. 动物疫病防控标识：Logo

字体：黑体加粗

底色：湖蓝色

规格：直径 55 cm（可按比例缩放）

2. 门头标识牌（参考）

式样 1：

左侧 Logo 　底色：湖蓝色，白字 　字体：黑体加粗

示例：

式样 2：

中间 Logo　底色：湖蓝色，白字　字体：黑体加粗

示例：

3. 腰线标识（参考）

式样 1：玻璃门

左侧 Logo　底色：湖蓝色，白字　字体：黑体加粗

式样 2：犬防室

底色：湖蓝色，白字　字体：华文新魏

4. 功能室标示牌（参考）

式样 1：

底色：湖蓝色，白字　字体：华文新魏

式样 2：

底色：湖蓝色，白字　字体：华文新魏

5. 制度式样（参考）

字体：黑体　底色：湖蓝色

中间加"中国动物疫病防控"标识水印

规格：长 90 cm×宽 70 cm

（可按比例缩放）

（二）畜牧兽医站标识牌（式样）

（三）动物报免公示、犬类免疫点标识（式样）

1. 动物报免点标识牌

式样1：

式样 2：

2. 犬类免疫点标识牌

（1）制作要求

① 猫狗标志、犬类免疫点名称、编号均为湖蓝色，底色（含猫狗之间"＋"）为白色，名称及编号字体为黑体，加粗。

② 犬类免疫点名称一致、统一编号：

高淳区：GC—S（Z）001　　　溧水区：LS—S（Z）001

江宁区：JN—S（Z）001　　　浦口区：PK—S（Z）001

六合区：LH—S（Z）001　　　江北新区：JBXQ—S（Z）001

栖霞区：QX—S（Z）001　　　雨花台区：YHT—S（Z）001

秦淮区：QH001　　　　　　　鼓楼区：GL001

玄武区：XW001　　　　　　　建邺区：JY001

（2）式样

（四）街镇畜牧兽医站服务大厅背景标识（式样）

（五）×××街镇畜牧兽医站功能区平面图（参考）

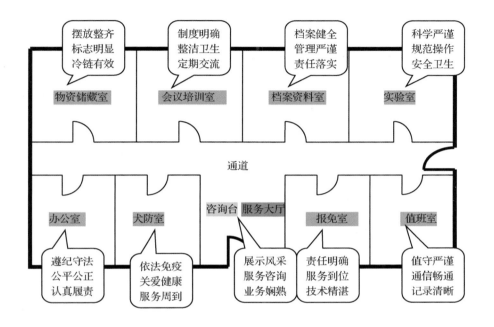

三 考核要求

南京市街镇动物防疫机构动物防疫管理
提升建设考核审验表

被考核单位：＿＿＿＿区＿＿＿＿街镇　　　　　　　　　　得分：＿＿＿＿

验收项目	考核内容	分值	扣分	扣分原因	考核方式
1. 形象建设情况	（1）门立面是否添加"中国动物疫病防控"或"中国动防"标志？是否悬挂"×××街镇畜牧兽医站、动物报免点、犬类免疫点"标示牌？有得12分，每少一个扣3分。 （2）门立面布局是否协调、美观？优得2分，一般得1分。	14			查看现场
2. 功能区建设与布局情况	（1）8个功能区建设是否齐全？每少1个扣2分。 （2）8个功能区布局是否合理？有1处不合理扣0.5分。 （3）标识牌是否清晰？有一处不清晰扣0.5分。	12			查看现场
3. 制度建设情况	（1）街镇站42项制度是否齐全？每少1项扣0.5分。 （2）街镇站必要的28项制度，是否上墙公示？每少1项扣2分。 （3）规模场10项制度是否上墙公示？每少1项扣2分。	25			查看现场及资料

验收项目	考核内容	分值	扣分	扣分原因	考核方式
4. 防疫资料建档情况	(1) 防疫资料是否分类、分期装订成册？分类得2分，分期得8分，其中"春、夏、秋"和其他每少一类扣2分。 (2) 各类台账、报表是否规范、齐全？ ① 免疫、监测采样单（表）是否齐全？完整得2分，不完整视情况扣。 ② 疫苗标识进出库台账是否完整？完整得2分，不完整视情况扣2分；标识是否开展二次发放？开展得1分，未开展扣1分。 ③ 犬类免疫管理台账是否完整？完整得3分，不完整视情况扣分。 ④ 血防资料（采样、监测、预防性服药等）是否完整？完整得2分，不完整视情况扣分。 (3) 各类工作总结（半年、年度、专项）、报表是否完整和及时上报？完整得2分，上报及时得3分，有1项不及时扣1分，不完整视情况扣分。	25			查看资料
5. 物资室建设情况	(1) 物品摆放分区明确、标识明显、摆放整齐得2分，有1项不合要求扣0.5分。 (2) 冰箱、冰柜内有温度计且记录齐全得2分，有1项不合要求扣0.5分。 (3) 所有物资安全有效，无无关物品得2分，有1项不合要求扣1分。	6			查看现场
6. 实验室建设情况	(1) 常规设备是否配齐，能否正常使用？ (2) 各项记录是否齐全？ 均符合要求得6分，有1项不合要求，扣3分。	6			查看现场及资料
7. 网格化管理实施情况	(1) 网格图建立是否合理？合理得2分，否则不得分。 (2) 是否按照网格流程开展工作？是得2分，否则不得分。 (3) 责任是否明确？是得2分，否则不得分。	6			查看资料

（续表）

验收项目	考核内容	分值	扣分	扣分原因	考核方式
8. 信息化应用情况	（1）是否启用"南京市犬猫狂犬病免疫信息系统"和"南京市畜禽规模养殖场（户）疫病风险评估系统"？是得 2 分，有 1 项未启用扣 1 分。 （2）犬类免疫信息数据录入是否及时和齐全？是得 1 分，否则不得分。 （3）风险评估系统的免疫、监测、评估信息数据录入是否及时和齐全？都及时和齐全得 3 分，有 1 项不及时齐全的扣 1 分。	6			查看电脑软件设备及相关资料
合计		100			

注：满分为 100 分，90 分以上为合格。

考核审验人员：　　　　　被考核单位负责人：　　　　　日　　期：

南京市街镇动物防疫机构动物防疫管理提升建设考核审验情况说明

1. 形象建设情况

主要采取现场查看街镇站门立面建设状况，有无添加或悬挂 4 个标识牌：（1）"中国动物疫病防控"或"中国动防"标志；（2）×××街镇畜牧兽医站；（3）动物报免点；（4）犬类免疫点。同时，从整体布局情况看，门立面形象建设是否协调、美观？可分为"优、良和一般" 3 个等次进行评分。

2. 功能区建设与布局情况

现场查看街镇站 8 个功能区的建设情况。8 个功能区主要为：（1）服务大厅；（2）办公室；（3）报免室（犬防室）；（4）档案资料室；（5）会议培训室；（6）实验室；（7）物资储藏室；（8）值班室（应急室）。查看 8 个功能区建设是否齐全、布局是否合理？标识牌是否清晰以及各功能室是否正常运转？

3. 制度建设情况

主要查看制度建设及上墙公示情况：（1）服务大厅 3 项制度（① 网格图；② 工作流程；③ 网格化管理职责）。（2）办公室 3 项制度（① 站长工作职责；② 动物防疫员工作职责；③ 首问负责制）。（3）报免室（可与犬防室同设）6 项制度（① 报免管理制度；② 报免流程；③ 南京市犬猫免疫证牌发放程序；④ 犬（猫）狂犬病免疫程序；⑤ 犬（猫）狂犬病免疫注意事项；⑥ 南京市街镇犬类免疫点建设基本要求）。（4）值班室（应急室）5 项制度（① 应急值班制度；② 重大动物疫情接报与核查制度；③ 应急工作流程简图；④ 重大动物疫情报告制度；⑤ 重大动物疫病免疫应激反馈制度）。（5）物资储藏室 10 项制度。此外，畜禽规模场 10 项制度建立及执行情况等。（6）会议培训室 2 项制度（① 会议制度；② 学习与培训制度）。（7）化验室 11 项制度。（8）档案资料室 2 项制度（① 动物防疫档案管理制度；② 防疫档案资料整理基本要求）。

4. 防疫资料建档情况

主要查看防疫资料（三大行动、血防、犬防以及半年、年度和专项工作总结等）是否分类、分期装订，各类台账、报表是否规范、齐全，各类工作总结、报表等是否完整和及时上报等情况。

5. 物资室建设情况

主要查看物品摆放是否整齐及符合摆放要求，标识是否明显，冰箱、冰柜内有无温度计且记录齐全，所有物资是否安全有效，有无存放无关物品等。

6. 实验室建设情况

主要查看常规设备是否配齐，能否正常使用。仪器设备主要包括电子天平（0.001 g）、解剖台、大小动物解剖器械、操作台、离心机、显微镜、冰箱、培养箱、移液器、振荡器、高压灭菌锅、干燥箱、紫外灯、电脑、网络、摄像头、废弃物收集容器等。查看远程诊断能否正常开展，各项管理制度是否齐全，查看相关软件及资料。

7. 网格化管理实施情况

主要查看是否建立重大动物疫病防控网格图、网格工作流程，是否明确了相关人员工作责任，网格管理运转是否正常，日常巡查频次及记录是否规范和到位等。

8. 信息化应用情况

主要现场查看相关软件设备使用情况，是否启用"南京市犬猫狂犬病免疫信息系统"和"南京市畜禽规模养殖场（户）疫病风险评估系统"，各类信息数据录入是否及时和齐全。

第二部分

街镇畜牧兽医站各功能区基本要求
（相关工作制度和记录表式样）

一 服务大厅

×××街镇重大动物疫病防控网格图

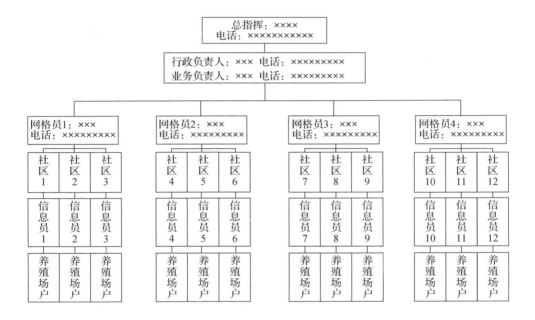

×××街镇重大动物疫病防控网格化管理工作流程

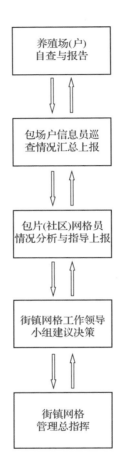

养殖场(户)
自查与报告

包场户信息员巡
查情况汇总上报

包片(社区)网格员
情况分析与指导上报

街镇网格工作领导
小组建议决策

街镇网格
管理总指挥

重大动物疫病防控网格化管理职责

动物疫病防控实行网格化管理，责任到人、落实到村、具体到户，确保不漏一村一场、不漏一户一畜（禽），实现动物疫病防控"村级有人抓、场户有人管"。网格化全方位做到无缝隙监管，加大网格化监管力度和日常巡查频次，强化养殖场（户）动物防疫主体责任，督促其健全防疫制度、完善防疫设施、落实防疫措施。

1. 督促指导畜禽养殖场（户）完善动物防疫设施条件。

2. 指导村（社区）散养户、规模养殖场（户）、养殖小区落实强制免疫、消毒、耳标佩戴、隔离等防控措施。

3. 指导畜禽养殖场（户）建立健全免疫档案、生物安全、动物疫情报告等制度。

4. 协助配合动物疫病预防控制机构对畜禽养殖场（户）实施动物疫情的监测、诊断、流行病学调查、疫情报告以及其他预防控制等技术工作。

5. 负责或指导散养户实施动物强制免疫、消毒等动物疫病防控工作。

6. 督促指导畜禽养殖场（户）发现畜禽患有疫病或者疑似患有疫病及时向当地动物防疫机构报告，不得瞒报、谎报和阻碍他人报告疫情。

7. 配合开展动物疫病风险评估预警工作。

8. 负责定期对畜禽养殖场（户）进行检查，督促整改存在问题。

二 办公室

站长工作职责

1. 负责畜牧兽医站全面工作，制订年度工作计划，并组织实施和认真总结。

2. 宣传贯彻执行畜牧兽医相关法律法规，制定畜牧兽医站各项规章管理制度。

3. 加强动物防疫检疫队伍建设，组织开展各项培训学习，提升畜牧兽医站干部职工依法行政能力和服务"三农"本领。

4. 配合并完成区重大动物疫病防治指挥部办公室（简称"动防指办"）、区农业农村局、街镇党委政府和区农业发展中心等交办的各项工作任务。

5. 严于律己、宽以待人，组织带领全站干部职工完成各项工作目标任务。

6. 加强上下联系以及与相关部门的沟通协作，创造和谐的工作环境。

7. 加强干部职工思想和工作作风建设，切实改进工作作风，努力提高工作效率。

防疫员工作职责

1. 负责做好分工片内的畜禽养殖情况调查和档案管理，随时掌握分工片内动物的存栏、出栏等情况，实行动态管理。

2. 做好分工片内动物计划免疫和强制性免疫工作，做好免疫注射、免疫登记、免疫标识的佩戴以及出具免疫证明等。

3. 负责分工片内畜禽规模场（户）监管工作，进行定期巡查和动物疫病普查；按照动物疫病监测计划定期采样送检，协助做好畜禽规模场（户）的疫病监测有关工作。

4. 做好分工片内动物疾病诊疗和消毒灭源工作。

5. 做好分工片内畜禽规模场（户）动物防疫法律法规的宣传和畜牧兽医新技术、新成果、新模式的推广。

6. 做好动物报免工作。

首问负责制

1. 服务对象通过来访、来电等方式到单位办理公务、联系事务、反映情况等，第一个被问到的工作人员为首问责任人。首问责任人必须热情接待、及时处理或引导办理相关事宜，切实履行第一责任人的职责。

2. 对于岗位职责范围内的事务，首问责任人必须按照职责要求，详细解答服务对象提出的问题，做到热情、耐心，并一次性告知有关政策、办事程序及要求，必要时应提供有关资料、表格等。

3. 属本单位职责范围内的事，首问责任人应主动联系经办责任人。若有关经办责任人不在，首问责任人应将前来办事的服务对象的单位、姓名、联系电话及拟办事项等有关内容进行登记，并负责及时转交经办责任人，不得贻误。

4. 对不属于本单位职责范围内的事务，首问责任人应向对方作详细说明，并根据来访事由引导办事人到相应部门。

5. 服务对象通过电话方式要求办理公务、联系事务或咨询业务时，接电话人作为首问责任人应根据上述规定热情受理，重要事宜应做好电话记录，及时报请有关领导处理。

6. 首问责任人在接待服务对象时确因公务繁忙无法履行职责的，可商请其他同志代理，代理人应履行并承担相同责任。

7. 对服务对象应当以礼相待，做到来有迎声、问有答声、走有送声，应当使用"您好""请坐""请讲""请放心""请跟我来""请稍候""请慢走"等文明用语。

8. 对服务对象切忌态度粗暴、办事推诿。禁止使用"不知道""问别人去""我解决不了""不是我管的事"等让群众感到失望的语言。

9. 违反本制度规定被投诉查实的，按有关规定处理。

三　会议培训室

（一）制度

会议制度

为更好地贯彻和落实上级主管部门和街镇人民政府的工作部署和要求，及时传达和学习上级有关精神，努力提高防疫工作绩效，确保完成全年工作目标任务，特制定本会议制度。

1. 每月召开一次全员例会，学习有关文件精神，交流阶段性工作进展，反馈工作中存在的问题和困难，探讨和学习工作经验，促进全员工作技能互助提高，部署月度工作任务。

2. 每季度召开一次全员小结会，汇总季度工作情况，小结工作业绩，重点解决工作中存在的突出问题。

3. 每半年召开一次全员半年总结会，总结半年工作，根据年度工作任务进度情况，及时推进重点工作，适当调整年度工作计划或方案。

4. 每年 12 月份召开一次全年年终总结会，总结全年工作情况，研究来年工作目标任务，接受上级主管部门和地方政府下达的下个年度的工作目标任务，表彰和通报优秀员工。

5. 遇特殊情形，需要临时召集全站会议的，由站长即时通知。

6. 每次会议实行签到制，应到人员不得缺席，特殊情况需向站长请假。

7. 会议由站长或站长指定人员主持，并指定人员及时做好会议记录。

学习与培训制度

为提高全站人员理论水平和业务能力，确保全员学习培训活动的正常化、规范化、制度化，特制定本制度。

1. 建立定期学习制度。以站例会为平台，以会代学，以会代培，学习或培训业务知识和交流操作技能，平时以自学为主，坚持自学与集中学习相结合。

2. 坚持请进来和走出去相结合，为全员提供更多学习培训的机会。全员在全站统一安排下，合理分配和有组织地参加上级举办的业务技术培训班，必要时送至专业院校参加培训学习。

3. 原则上每年举办1～2次专题业务学习培训班，外聘专家授课，努力解决工作中的技术难题。

4. 培训学习的内容主要包括党的路线、方针、政策，《中华人民共和国动物防疫法》《重大动物疫情应急条例》《南京市高致病性禽流感应急预案》等法律法规和相关动物疫病防治技术规范等，以及动物疫病防控业务技能等，以增强法治观念，提高技能水平。

5. 集中学习实行签到制，学习期间原则上不请假、不会客、不处理日常业务工作。确因特殊情况不能参加学习的，须经站领导批准。

6. 学习培训情况列入年终考评内容，作为员工年终考评、评先、评优、晋升的一项重要依据，并与年度考核及奖励挂钩。未完成学习任务的，不得评为先进个人。

（二）记录表

_____街镇会议/学习/培训情况登记表

登记人：_____

日期	地点	主题内容	参加人员类别与数量			主持/主讲人	备注
			街镇	村级	养殖场（户）		

_____街镇会议/学习/培训记录表

时间：_____   地点：_____   记录人：_____

主持/主讲人：	应到人数：	实到人数：
活动主题：		
内容记录（摘要）：		

_____街镇会议/学习/培训签到表

会议/学习/培训主题：_____   日期：_____年____月____日

姓名	单位名称	备注

会议纪要

1. 时间：

2. 地点：

3. 参会人员：

4. 主持人：

5. 记录人：

6. 会议事项：

_____年____月____日

参会人员（签字）：

四 值班室（应急室）

（一）制度

应急值班制度

1. 节假日（指国家法定节日，正常双休日除外）和重大活动期间或突发重大动物疫情时，实行 24 小时值班工作制度。

2. 值班实行领导带班制，并安排专人值班。

3. 值班表由站长负责安排，值班表一经确定公示，不得随意变更，遇特殊情况确需调班的，须报请负责人同意后方可调换，并做好备案记录。

4. 值班电话要确保 24 小时畅通，值班人员需在值班室值班，确保不漏接信息。

5. 值班人员要严格遵守值班制度和相关规定，不得擅自离岗，认真接听、接收、转达、传输、上报相关疫情或工作信息，及时传递（达）带班领导处理意见，不得迟报、漏报、瞒报。

6. 值班人员要认真做好值班记录，包括交接班记录。接到疫情举报信息后，做到记录内容完整、字迹清楚。要按照有关工作规范，详细记录信息来源、报告人联系电话，以及事发地点、养殖户（经营户）的联系电话等情况，及时上报带班领导批处，并作流程处理。

7. 值班人员要树立责任意识，遵守保密制度，爱护通信设施，确保设备正常运行，不得占用值班电话办理与值班工作无关的事情，保持值班室安静、卫生、整洁、有序。

8. 值班结束时，值班人员要认真做好后续待处理工作的交班衔接，确保工作的连续性。

9. 对违反值班制度和相关规定的人员按有关规定处理。

重大动物疫情举报与核查制度

1. 动物疫情信息举报受理工作实行24小时值班制度，单位值班/举报电话为□□□□□□□□。

2. 受理本辖区范围内单位和个人举报的动物疫情信息，及时核准相关信息内容，认真做好疫情信息的接收、登记与保管工作。

3. 接报动物疫情信息后，应在2小时内安排2名以上兽医技术人员赴现场开展核查处理。

4. 经现场核查怀疑为重大动物疫情的，核查人员应及时报告单位领导；非重大疫情，由街镇兽医站组织兽医技术人员诊治。

5. 及时将核查处理结果书面报送相关主管部门，必要时反馈给举报人。

6. 建立核查处理档案。核查处理结束后，应及时收集整理核查处理材料，建立疫情档案，做到一事一档。

7. 保护举报人的合法权益，对其身份信息进行保密。

8. 重大动物疫情信息实行"扎口"与保密管理，任何单位和个人不得擅自对外发布疫情信息。

9. 对隐瞒、延误或阻止疫情信息举报核查工作或玩忽职守，造成疫情扩散蔓延或不良社会影响的人员，按相关规定追究行政和法律责任。

应急工作流程简图

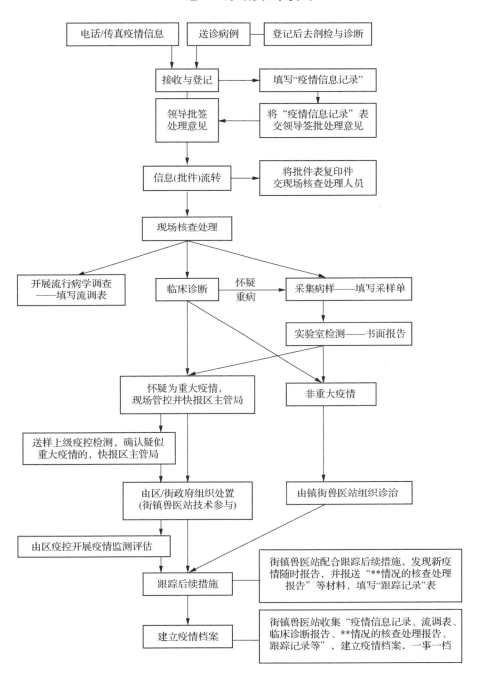

电话/传真疫情信息 ┐ 送诊病例 ┐ 登记后去剖检与诊断

接收与登记 → 填写"疫情信息记录"

领导批签处理意见 ← 将"疫情信息记录"表交领导签批处理意见

信息(批件)流转 → 将批件表复印件交现场核查处理人员

现场核查处理

开展流行病学调查——填写流调表

临床诊断 ——怀疑重病—— 采集病样——填写采样单

实验室检测——书面报告

怀疑为重大疫情，现场管控并快报区主管局

非重大疫情

送样上级疫控检测，确认疑似重大疫情的，快报区主管局

由区/街政府组织处置(街镇兽医站技术参与)

由镇街兽医站组织诊治

由区疫控开展疫情监测评估

跟踪后续措施

街镇兽医站配合跟踪后续措施，发现新疫情随时报告，并报送"***情况的核查处理报告"等材料，填写"跟踪记录"表

建立疫情档案

街镇兽医站收集"疫情信息记录、流调表、临床诊断报告、**情况的核查处理报告、跟踪记录等"，建立疫情档案，一事一档

重大动物疫情报告制度

为严格重大动物疫情报告，根据《中华人民共和国动物防疫法》《农业农村部关于做好动物疫情报告等有关工作的通知》（农医发〔2018〕22号）等规定，特制定本制度。

1. 疫情报告程序：任何单位和个人发现可疑重大动物疫情时，应立即向街镇动物防疫机构报告。街镇接报后，按规定立即向区动物防疫或监督机构报告。

2. 疫情报告：实行快报、月报、年报。在报告、传递紧急疫情时，应当采用电话或传真等形式。

3. 疫情报告内容：包括疫情发生的时间、地点、发病动物种类和品种、动物来源、日龄、栏存数、发病数、死亡数、临床病变、初步诊断结果、畜禽养殖场（户）的生产和免疫接种情况、是否有人员感染、已采取的控制措施、疫情报告单位和个人及联系方式等。

4. 严禁任何单位和个人瞒报、谎报、迟报或者阻碍他人报告动物疫情，动物疫情实行逐级报告制度，严禁越级上报。

5. 未经许可，任何单位和个人不得以任何形式对外发布疫情信息。

6. 街镇畜牧兽医站接到报告后，应当立即派员到现场，做好现场管控，采取限制移动、消毒等措施，并向街镇人民政府和区动物防疫或监督机构报告。

动物疫病免疫应激反馈制度

为及时了解免疫应激反应情况，确保免疫措施落实到位，特建立免疫应激反馈制度。

1. 免疫用疫苗应按规定妥善运输和保管，确保免疫质量和效果，并严格按照免疫技术规范和免疫程序实施免疫，减少免疫应激。

2. 在接种疫苗后，出现不食、厌食、发热、死亡等异常现象，应立即停止免疫，及时向街镇畜牧兽医站报告与反馈。

3. 免疫过程中，同步规范建立健全免疫档案、疫苗领用登记，免疫建档率100％，做好免疫应激反应追溯。

4. 在免疫过程中对疫苗、标识质量以及免疫应激问题的反映必须及时进行核查。经核查，若反映问题属实的，填写《动物免疫应激记录表》，并在第一时间予以协调解决，必要时进行书面报告，并同时向上级有关部门报告，确保防疫工作正常开展。

（二）记录表及相关格式

街镇值班人员登记交接记录

日期	值班开始时间	值班信息	值班人	交接时间	接班人	备注

街镇值班/动物疫情信息记录

来话/信息单位		姓名		电话	
接话人		时间			

信息内容	领导批示

办理情况（记录人签名并注明时间）：

动物疫情核查与处理记录

场/户名称		地址	
场/户姓名		联系电话	
动物种类		发病前栏存数	
本次核查原由			
首例发病时间			
发病特点			
免疫情况			
临床症状			
病理变化			
病死数量			
初步诊断结果			
病死动物与无害化处理情况			
流行病学调查与初步结论			
已采取的措施及防治效果			
后续拟采取的处理措施			

核查日期：　　　　　　　　　　　核查人员（签名）：

重大动物疫情快速报告

主送单位：＿＿＿＿＿＿＿＿＿＿＿＿＿＿＿

＿＿＿＿＿街（镇）＿＿＿＿村＿＿＿＿自然村＿＿＿＿场（户）

发病前栏存禽（鸡/鸭/鹅/　）/畜（猪/牛/羊/　）＿＿＿＿只（头），

于＿＿＿＿年＿＿月＿＿日进行了＿＿＿＿疫苗的（首/_次）免疫注

射。该禽（畜）于＿＿＿＿年＿＿月＿＿日起发病，已发病＿＿＿＿

只（头），死亡＿＿＿＿只（头），现栏存＿＿＿＿只（头）。

＿＿月＿＿日，经兽医技术人员（＿＿＿＿、＿＿＿＿）现场诊

查，主要临床症状：＿＿＿＿＿＿＿＿＿＿＿＿＿＿＿＿＿＿＿＿＿，

主要病理变化：＿＿＿＿＿＿＿＿＿＿＿＿＿＿＿＿＿＿＿＿＿＿＿，

临床初步诊断为＿＿＿＿＿＿＿＿＿＿＿＿＿＿＿＿＿＿＿＿＿＿。

现场已采取以下临时控制措施：＿＿＿＿＿＿＿＿＿＿＿＿＿＿

＿＿＿＿＿＿＿＿＿＿＿＿＿＿＿＿＿＿＿＿＿＿＿＿＿＿＿＿＿＿。

特此报告！

疫情报告单位：＿＿＿＿＿＿＿＿　负责人（签名）：＿＿＿＿＿＿＿

报告联系人：＿＿＿＿＿＿＿＿＿　联系电话：＿＿＿＿＿＿＿＿＿

此件传真至：＿＿＿＿＿＿＿＿＿　此件请速转交分管领导：＿＿＿＿＿

＿＿＿＿＿年＿＿月＿＿日

动物免疫应激记录表

登记日期：＿＿＿＿＿＿＿＿＿＿　　　　　　　　登记人：＿＿＿＿＿＿＿＿＿

场/户名称		地址	
主人姓名		联系电话	
动物种类		栏存数量	
疫苗接种操作人		联系电话	
免疫接种时间	＿＿＿＿年＿＿＿月＿＿＿日＿＿＿时	免疫前临床健康检查结果	
疫苗名称		生产厂家及批号	
生产日期及有效期		接种方法/途径	
疫苗使用前是否经过预温		疫苗是否经过感观品质检查/结论	
疫苗稀释液名称		稀释倍数与接种剂量（毫升/头份）	
群体免疫结束后观察时间		离场时是否发现异常情况	
异常反应发生时间与临床表现			
采取措施与结果			
主人诉求			
初步调查印象			
调查人员（签名）			

动物疫情举报核查处理情况小结或简报
（参考格式）

1. 标题名称：突出主题，简洁鲜明。

2. 正文

（1）首段概述：主要描述疫情接报基本信息，如时间、地点、场户名、动物免疫、发病、死亡、栏存数量等。

（2）主体内容：主要是核查、处理处置等情况，如对临时采取的诊治、限制移动、紧急免疫、消毒、管控、流调以及上报情况等措施进行描述。

（3）结尾评述：对疫情处置结果进行技术分析、总结评估及下一步跟踪措施。

×××

_____年___月___日

动物疫情应急处理处置情况登记表

填报单位（盖章）：_____ 填报人：_____ 填报日期：_____年____月____日

场（户）名称	动物种类	发病前栏存数	发病日期	发病数	病死数	现栏存数	处置日期	扑杀数	无害化处理数	处理方法	处理人	监督人	备注

单位：头、只、条

南京市动物疫病流行病学调查表

1. 基础信息

（1）疫点所在场/养殖小区/村养殖概况

场户名称			GPS	北纬 N：		东经 E：	
负责人		联系电话			启用时间		
疫情地址		县（区）	街（镇）	行政村	自然村或		（场）

（2）调查简要信息

调查原因	□畜禽主报告疫情　□系统内报告疫情（上级、下级、同级）　□媒体报告疫情　□其他单位或人员举报（告）疫情　□监测中发现病例		
调查人员		工作单位	
首发病例日期		接报日期	调查日期

2. 现况调查

（1）动物栏存、免疫、发病死亡情况

编号或批次	动物种类	原初始栏存数	发病前栏存数	发病日龄	相关疫病最后一次免疫情况						发病与死亡情况		
					应免日期	实免日期	疫苗名称	生产厂家	产品批号	疫苗来源	首发日期	病死数量	现栏存数

（2）诊断情况

临床初步诊断	发病死亡特征及临床症状： 病理变化： 怀疑诊断结果：　　　　　　诊断人员：　　　　　　诊断日期：						
实验室诊断	样品类型	数量	采样时间	送样单位	检测单位	检测方法	检测结果
结果	疑似诊断				确诊结果		

（3）与野生（其他）动物接触

与野生（其他）动物接触与混养情况：

（4）周边畜（禽）养殖与发病情况

周边3千米相关动物	① 规模场户数____，养殖量_____，免疫数_____。免疫空白期场户数_____。 ② 散养户数_____，养殖量_____，免疫数_____。免疫空白期户数_____。 ③ 发病情况：
行政辖区内相关动物	① 规模场户数____，养殖量_____，免疫数_____。免疫空白期场户数_____。 ② 散养户数_____，养殖量_____，免疫数_____。免疫空白期户数_____。 ③ 发病情况：

（5）疫点所在地环境、地貌及养管概况

环境地势地貌特征：＿＿＿＿＿＿＿＿＿＿＿＿＿＿＿＿＿＿＿＿＿。
养殖环境卫生情况：＿＿＿＿＿＿＿＿＿＿＿＿＿＿＿＿＿＿＿＿＿。
喂料喂养管理情况：＿＿＿＿＿＿＿＿＿＿＿＿＿＿＿＿＿＿＿＿＿。
防疫封闭管理情况：＿＿＿＿＿＿＿＿＿＿＿＿＿＿＿＿＿＿＿＿＿。

3. 疫病可能来源调查（溯源）

对疫点发现第一例病例前 1 个潜伏期内的可能传染来源途径进行调查。

可能传染来源途径	详细信息
畜禽引进/产品购入情况	
饲料调入情况	
水源情况	
相关人员与车辆进出场情况	
出入动物交易市场情况	
畜、禽产品共用场所情况	
其他异常情况	
初步调查结论	

4. 疫病可能扩散传播范围调查（追踪）

疫点发现第一例病例前 1 个潜伏期至封锁之日内，对以下事件进行调查。

可能扩散去向范围	详细信息
畜禽/产品调出去向	
粪便/垫料运出去向	
同/从业人员出场情况	
其他异常情况	
初步调查结论	

5. 疫情处置情况（根据防控技术规范规定的内容填写）

疫点处置情况	扑杀畜禽与无害化处理数	
	便溺/污物处理措施	
	养殖环境消毒措施	
	隔离/封锁措施	
	其他措施	
疫情处理措施		

填表人姓名：　　　　　　　　　　　　　　联系电话：

五　物资储藏室

（一）制度

重大动物疫病防控应急物资储备与更新制度

为贯彻落实《中华人民共和国动物防疫法》及《江苏省动物防疫条例》等动物防疫法律法规，根据国家《突发公共卫生事件应急条例》、国务院《重大动物疫情应急条例》等规定，确保突发、新发重大动物疫病及时、有序、有力、有效的处置，做好重大动物疫病防控应急物资储备、维护、使用和补充更新管理，保障应急需求，结合我镇实际，特制定本制度。

1. 本站具体承担本级重大动物疫病防控应急物资的储备、维护、使用和补充更新管理工作。

2. 储备与更新原则：坚持公开、透明，遵循有效、实用、节俭的原则，储备物资品种与数量按照实际工作需要确定，做到日常储备和应急储备相结合。

3. 重大动物疫病防控应急物资储备、维护使用及补充更新所需资金纳入年度财政预算，并拨付到位。重大动物疫病防控应急物资中属"政府采购目录"所列的，其补充更新应按"政府采购"的相关规定和要求进行采购。

4. 根据部、省、市、区重大动物疫病防控应急物资储备要求，结合本镇重大动物疫病防控特点、动物养殖分布与经营状况，按"平战结合"的原则，确保应急物资储备适量、品种齐全、状态良好，并得到有效管理。储备物资的品种应主要包括消毒药、消毒器械、动物扑杀器、动物尸体袋、防护用品、采样设备、冷藏箱（包）、动物保定器械等。

5. 应急物资储备室应合理布局，满足物资安全储存和应急调运的要求。储备室应配设安全防范措施，做到日常防火、防盗、防潮、防冻、防鼠等安全防范工作。储备室通道出入口要保持畅通，定期清理，保持整洁卫生；严禁将易燃易爆、强酸强碱及火种等危险品，带入储备室，在醒目位置须摆放灭火器。

6. 建立和健全重大动物疫病防控应急物资管理制度，明确管理职责，确保物资储备安全。储备物资须建立专门台账，准确记载各类物资的详细信息；建立日常管理档案，记载日常维护管理情况，保管好相关原始凭证，并整理成册、归档备查。

7. 做好应急物资储备保管和维护。各类应急物资须按其特性分类存放，专人负责，专职保管；须设立明显的标识标牌，标明品名、规格、批次、数量、生产时间、保管责任人等，做到标物相符、账物相符。冰箱冰柜要做好温控管理，确保物资质量。加强对物资的日常检查和维护保养，使物资处于良好待用状态。

8. 应急物资应按"先入先出""近期先出"调用的原则使用，并在仓位管理中尽量保证首先调用的物资处于方便快速取用位置，确保快速响应。

9. 重大动物疫病防控应急物资的储存年限，按有关规定执行。对储存期较长的物资应对其质量性能进行抽查。经检验不符合安全技术要求，或因其他原因造成短缺、毁损等，以及属国家统一公布禁止不得继续使用的淘汰产品，应及时报废更新。对储存期较短的消毒药品、疫苗和诊断试剂等物资应适时使用更新，防止过期浪费。

防疫物资验收及出入库管理制度

防疫物资（主要包括畜禽疫苗、标识及应急物资等）出入库实行动态管理，定期补充更新，坚持公开、透明、节俭的原则，实行专人负责制。

1. 验收入库管理

（1）物资入库，由专人负责验收。

（2）物资入库：对照采购订单、对方发货清单查验明细，严格做好"七核对"（即核对名称、生产厂家、数量、规格、型号、批号、有效期），验收合格后，及时办理入库手续，填写入库单。如发现物资数量、单据等不齐全或质量残次时，不得办理入库手续。

（3）物资摆放：① 按照不同的材质、规格、功能、批次分类摆放。② 遵循"先内后外、先下后上"，整齐摆放。③ 离墙离地，防止受潮霉变。④ 易燃、易爆、易感染、易腐蚀的物资要隔离或单独存放，并定期检查。⑤ 精密、易碎及贵重物资要轻拿轻放，妥善保存，严禁挤压、碰撞、倒置。

2. 出库管理

（1）应遵循"先进先出、推陈储新"的原则。

（2）做到"一盘点，二核对，三领用，四出账"。

（3）严格履行相关手续。发出或领用时要填写《出库单》或《应急物资领用单》，经相关负责人审批后发放。领用人和管理员应认真核对出库单上的时间、名称、规格、数量是否与实物相一致，做到准确无误。

（4）物资出库后，及时更新物资出库台账。

防疫物资及冷链设施管理责任制度

1. 防疫物资及冷链设施管理实行责任部门专人负责制，实行"谁管理、谁负责"的原则。

2. 防疫物资应按温度、湿度等要求，分种类、型号、批号进行摆放，不得混放，做到标识醒目；物资入库应摆放整齐、有序，不得随意抛掷，防止坍塌伤人及损坏机械设备。

3. 防疫物资库及冷链设施要做好防火、防盗、防潮、防冻、防鼠等安全防范工作，所有出入口通道要保持畅通，物资库内要做到定期清洁，保持整洁卫生，冷链设备应定期开展维护保养。物资库内醒目位置须摆放灭火器，严禁将易燃易爆、强酸强碱及火种等危险品带入物资库。存放疫苗、试剂等物资的冷链设备内不得存放任何其他物品，无关人员不得随意进入物资库。

4. 建立健全防疫物资管理台账，做到出入库相符。疫苗、耳标等进出时应及时办理手续，对名称、品种、数量、规格包装、标签、说明书、有效期、质量以及证明文件等，逐一检查、验收、登记。疫苗、耳标等发出时应遵循"先入先出""近期先出"的原则，及时填写《出库单》或《应急物资领用单》，并经相关负责人审批后发放。

5. 物资库管理人员每半年要对应急物资进行一次盘点，核对出入库记录，做到账物相符，防止被挪用、流失和失效。冷库等冷链设备管理人员每月要对各类疫苗、试剂盘查清点一次，并做好记录，留存备查。发现问题要及时汇报，并按规定进行处理。发现疫苗及其他物资过期时，应及时办理报废（损）手续并进行处理，冷库内不得存放过期疫苗。

6. 疫苗、试剂管理人员要做好冷链设备日常运行与维护记录，经常检查设施运转情况，若发现异常或故障应及时报告，并及时通知专业维保人员进行检查和维修。

7. 疫苗、试剂管理人员在正常工作日内，应每天2次（上午上班后与下午下班前）检查机器运行情况，并做好设备温度记录；休息日和法定节假日期间，冷链设备运行情况检查及温度记录由门卫和值班人员负责。

8. 防疫物资的责任部门应督促具体责任人加强对防疫物资和设施的管理，发现问题应及时汇报，确保各类物资"随要随用"，增强应急处置能力。

动物疫苗储存运输管理制度

1. 明确管理人员

（1）明确疫苗管理责任人。明确 1 名专（兼）职专业技术人员具体负责疫苗管理。

（2）建立疫苗管理责任人基本情况登记表。疫苗管理相关责任人的姓名、单位、年龄、专业或职务、联系方式等基本信息要进行登记造册报区站备案。

2. 疫苗储存现场基本要求

（1）储存场所要求：疫苗储存场所做到独立专区，标识明显，存放整齐。

（2）冷藏或冷冻设施、设备要求：应配备冰箱、冰柜储存疫苗；使用配备冰排的冷藏箱（包）运输疫苗，其冷藏箱（包）数量不少于 N＋2 个（N 代表村防员人数），且配备足够的冰排供村防员领取疫苗时使用。冰箱、冰柜要处于正常的运行状态，温度正常；冷藏箱（包）完好，冰排足量。

（3）疫苗（分为灭活疫苗和活疫苗）存放要求：按照疫苗储存温度要求储存于相应的冷冻或冷藏设施设备中，灭活疫苗在 2～8 ℃、活疫苗在 －15 ℃及以下贮存；强制免疫用疫苗与其他疫苗分开储存；各种疫苗分别按品种、批号分类码放，疫苗摆放不得过密，应留有一定空间方便冷气循环；储存疫苗的冷链设备内不得存放任何其他无关物品。

（4）疫苗储存温度监测和记录要求

① 冷藏库、冷冻库应采用自动温度显示仪，每天上午和下午定时各进行一次温度记录。

② 冰箱（包括普通冰箱、冰衬冰箱、低温冰箱）应采用防冻温度计进行温度监测。温度计应分别放置在普通冰箱冷藏室及冷冻室的中

间位置、冰衬冰箱的底部及接近顶盖处、低温冰箱的中间位置。

③ 冷藏设施、设备温度超出疫苗储存要求时，应采取相应措施并记录。

3. 做好疫苗管理记录和报表

规范做好各项记录和报表，做到清晰完整。其中疫苗的收货、验收、在库检查等记录应保存至超过疫苗有效期5年，以便备查。

4. 疫苗运输要求

区、街镇在疫苗运输时要配备冷藏设备，有足量冰排，确保疫苗在运输过程中温度条件符合疫苗保存要求。

5. 村级及村防员要求

村级（包括规模畜禽自免场和犬类免疫实施单位）应配备冰箱或使用配备冰排的疫苗冷藏箱（包）储存疫苗。

村防员在实施动物接种疫苗过程中，应随身携带内有冰袋的冷藏箱（包）存放疫苗，确保疫苗全程冷链保存。

动物疫苗使用管理制度

1. 疫苗冷链保存

防疫人员从冰箱/冰柜中取出疫苗后，在实施动物接种疫苗前，应将疫苗存放在内有冰袋的冷藏箱（包）中，确保最后一千米使用安全有效。

2. 疫苗使用前的准备

（1）疫苗检查。特别要注重疫苗外观质量的检查，疫苗外观质量存在下列问题时一律不得使用：

① 疫苗瓶破损、瓶盖或瓶塞密封不严或松动。

② 疫苗瓶无标签或标签不完整（包括疫苗名称、批准文号、生产批号、出厂日期、有效期、生产厂家等）。

③ 疫苗超过有效期、色泽改变、发生沉淀、破乳或超过规定量的分层、有异物、有霉变、有摇不散凝块、有异味、无真空等。

（2）阅读说明书。认真并详细阅读疫苗使用说明书，了解疫苗的用途、用法、用量和注意事项等。

（3）疫苗预温。疫苗使用前，应从冷藏箱（包）取出，置于室温（20～25 ℃）2 小时左右，平衡温度。特别是使用冻干苗时，应先置于室温（15～25 ℃）平衡温度后，方可稀释使用；油乳苗要达到 25～35 ℃，混匀后使用；使用液氮苗（如鸡马立克氏病细胞结合型活毒疫苗）时，先将疫苗瓶迅速浸入 25℃温水浴中使疫苗溶解，然后用冰冷的专用稀释液稀释后立即接种，在整个接种过程中注意保持疫苗处于低温状态。疫苗使用时应充分摇匀，使用过程中应保持匀质。疫苗瓶开启后，弱毒苗应在 30 分钟（夏季）至 1 小时内用完，油乳剂疫苗在 4 小时内用完。

（4）疫苗稀释。按疫苗使用说明书注明的头（只）份、羽等要求，对疫苗使用规定稀释液、稀释倍数和稀释方法等进行稀释。无特殊规定的可使用注射用水或生理盐水稀释，有规定要求的应按规定的稀释液进行稀释。

（5）免疫操作。动物免疫应严格按照疫苗使用说明进行操作。免疫时应注意及时更换注射针头，做好免疫前、中、后的各项消毒工作，包括相关人员的规范消毒和相关器材的消毒。同时规范做好个人防护，包括防疫人员应穿防护服或经消毒的工作服，穿戴防护帽、防护手套和防护鞋或胶靴，并根据实际情况适时进行更换或严格消毒。

3. 临床健康检查

免疫接种前，应对动物的精神、食欲、体温等状态进行临床健康检查，重点查看是否染病、是否瘦弱、是否存在幼小的及怀孕后期的动物等，凡有免疫安全隐患的动物，应不予接种或暂缓接种。

4. 废弃物处理

对废弃疫苗、疫苗空瓶、注射用一次性废物数量等，应及时做好记录，并回收交至街镇兽医站统一集中保存。由区疫控中心/兽医站定期收集并按照相关规定进行集中统一无害化处理。

5. 建立免疫档案

防疫人员或驻场兽医要认真填写《南京市畜禽规模养殖场（小区）安全生产记录》或《南京市畜禽散养户安全生产记录》，及时做好免疫各项信息填写工作，做到免疫记录和畜禽标识相符，建立健全免疫档案，并按规定归档保存。

重大动物疫病强制免疫疫苗
使用效果和售后服务评价制度

为科学评估本辖区内重大动物疫病疫苗免疫效果及公平、公正评估售后服务质量，特制定本制度。

1. 负责配合上级动物疫病预防控制机构，开展本辖区内强制免疫疫苗使用环节的使用效果与质量评价，按要求报送相关材料。

2. 做好日常监测与随机抽检、飞行检查的采样工作，开展重大动物疫病（高致病性禽流感、牲畜口蹄疫、小反刍兽疫、猪繁殖与呼吸综合征、猪瘟、新城疫等）免疫效果监测与评价。

3. 出现免疫抗体水平不达标、免疫失败、免疫应激反应等情况要及时进行调查处理，配合上级业务部门或疫苗生产企业开展追因溯源，并做好善后处置工作。

4. 开展对疫苗生产企业售后服务的情况评估，主要包括其售后服务态度、服务质量、技术培训、走访频次及有效的技术指导等，以便及时帮助解决疫苗使用过程中出现的问题。

5. 配合或指导各级基层动物防疫机构、养殖场（户）等定期或不定期对疫苗生产企业售后服务质量与水平进行评价，并将评价结果报送相应的上级业务主管部门。

废弃畜禽疫苗及标识回收与处理制度

1. 对使用环节中的损标、废标等标识及过期或弃用疫苗由街镇动物防疫机构负责统一回收保存，并认真填写《南京市废弃畜禽疫苗或标识回收登记表》。

2. 指导屠宰经营企业对屠宰环节中的标识进行回收与保管，并认真填写《南京市废弃畜禽疫苗或标识回收登记表》。

3. 对回收的疫苗及标识不得随意抛弃，不得重复使用。

4. 区级动物防疫机构应定期对街镇和屠宰企业自身回收的疫苗或标识进行统计，并集中申请处理，并按要求认真填写《南京市废弃畜禽疫苗或标识处理审批表》。

5. 区、街镇动物防疫机构物资管理人员应定期对过期或弃用疫苗或标识进行清查，并及时做好登记和相关报废处理手续，由区级动物防疫机构统一集中进行无害化处理，处理后按要求填写《南京市废弃畜禽疫苗或标识处理记录表》，确保处理工作规范，记录完整。

南京市废弃畜禽疫苗或标识回收登记表

登记单位：_____　　　　　　单位：个、万毫升、万头份

养殖场户（或屠宰场）	回收				
	疫苗或标识种类	数量	耳标编码	时间	回收人
合计					

填表人：　　　　　　　　负责人：　　　　　　　　填表时间：

注：（1）此表区、街镇通用；

　　（2）回收时间应注明年、月、日；

　　（3）疫苗或标识回收登记时应按品种分类登记。

南京市废弃畜禽疫苗或标识处理审批表

登记单位：_____   单位：个、万毫升、万头份

疫苗或标识来源 （街镇站或养殖场户 或屠宰场）			
疫苗或标识种类		数量	
耳标编码			
处理原因			

审批人：　　　　　　审核人：　　　　　　申请人：　　　　　　　　　　年　　月　　日

南京市废弃畜禽疫苗或标识处理记录表

登记单位：_____

单位：个、万毫升、万头份

疫苗或标识来源（街镇站或养殖场户或屠宰场）	疫苗或标识种类	数量	耳标编码	处理时间	处理方式	处理地点	处理人	监督人	备注

负责人：

填表人：

填表时间：

注：（1）此表区、街镇通用；（2）时间应注明年、月、日；（3）疫苗、标识登记时应按品种分类登记。

动物疫苗冷链管理停电应急预案

冷链是国家动物强制免疫计划实施的重要保障措施之一，突发停电事故会对冷链的运转造成严重影响。为确保国家动物强制免疫计划的顺利实施，保证疫苗质量，特制定本方案。

1. 指导思想

贯彻落实《中华人民共和国动物防疫法》《中华人民共和国传染病防治法》等法律法规，建立预防为主、长效管理与应急处理机制，做好疫苗冷链管理，保证接种质量，保障养殖业健康发展。

2. 工作原则

（1）本预案适用于发生的停电突发事件。

（2）以预防为主，预先设想可能发生的一些情况，有针对性地提出措施，解决工作中的实际问题。

3. 组织管理

（1）分管领导进行统一调度，后勤管理部门统一安排，联系冷链设备线路的紧急维修。如需将疫苗送到外单位的冷库、冰箱存放，由后勤管理部门联系冷库、冰箱并安排车辆。

（2）疫苗管理部门具体负责，责任到人。负责冷链设施设备的日常管理、温控监测及停电时预案响应。

4. 分级控制

（1）平时做好相应的准备工作。

① 冷藏箱及冰袋的准备。平时要保证冷库、冰箱运转正常，配备足量冰袋且不少于 30 个。

② 疫苗的准备。日常储备适量疫苗，确保正常用量。

（2）预案分级。

停电分级，根据停电时间的长短，实行两级控制措施。

A 级：停电 24 小时内。按室温在 10～25 ℃、室温在 25 ℃以上两种情况来处理。

B 级：停电 24 小时以上。按室温在 10 ℃以下、室温在 10～25 ℃、室温在 25 ℃以上 3 种情况来处理。

5. 预案响应

A 级：停电 24 小时内。室温在 10～25 ℃时，在冰箱内存放一些冰袋；室温在 25 ℃以上时，在冰箱内存放大量冰袋。保持冰箱内的温度在 2～8 ℃。

B 级：停电 24 小时以上。室温在 10 ℃以下时，严密监测冰箱内的温度，一旦冰箱内温度上升，超过 8 ℃时，在冰箱内存放一些冰袋；室温在 10～25 ℃时，在冰箱内存放大量冰袋或冰块；室温在 25 ℃以上时，在冰箱内存放大量冰袋并通过减少存放疫苗使冰箱内的温度保持在 2～8 ℃。若冰箱内的温度上升，超过 8 ℃时把疫苗送到外单位的冷库存放，并保证存放温度控制在 2～8 ℃。

6. 保障措施

（1）加强日常监测管理，做好每天上午、下午各 1 次的温度监测，双休日安排相关人员测温，及时发现和解决工作中存在的问题，及时报告。

（2）平时尽量多制冰袋，备用冰袋保证在 30 个以上，以备急用。尽量解决因停电引起的困扰。

（3）联系好租借单位冷库，必要时把疫苗送到外单位的冷库存放。

（4）安装或租用备用发电机，一旦冰箱内的温度超过 8 ℃，立即启用。

防疫物资维护与保养制度

1. 防疫物资实行专人维护与保养。做到定期盘查、定期养护，并做好各项安全检查和维护记录。防疫物资库门的钥匙应摆放在固定位置，确保在突发事件发生时顺利开启。非相关人员不得随意进出物资库房（包括冷冻或冷藏库）。

2. 坚持日常巡查。库管人员要定期查看物资存放状态及设施设备运行状况，若发现异常或故障应及时报告，跟踪异常，排除故障，并做好相关记录。

3. 做好特种设备定期维护。冷冻（藏）库、扑杀器等特种设备委托第三方专业机构进行定期检测维护，做到每月维护保养1次，每半年全面检测1次，并做好相关记录（填写《特种防疫应急物资维修保养记录表)》，确保正常运行与使用。非专业人员不得对特种防疫物资进行拆解维修。

4. 冷冻（藏）设备实行日查管理。冷冻（藏）设备保持日常清洁卫生，做到每日检查2次（上午上班后与下午下班前），重点查看机器运行状态，观察温控是否正常，并做好温度记录等工作。

5. 做好日常防火、防盗、防潮等安全防范工作。在醒目位置摆放灭火器，在敏感地带安装烟雾报警器；库内物资码放离墙离地，并做到定期清理，保持环境整洁卫生，出入库及库内通道保持畅通；严禁将易燃易爆、强酸强碱及火种等危险品带入库内；物资入库时不得抛掷，应先内后外、先下后上，出库时应先外后内、先上后下、先进先出，防止坍塌事故。

特种防疫应急物资维修保养记录表

检查频次	保养时间	检查项目及内容	设备运行状态	维护保养人签名	管理人员签名
第一次					
第二次					
第三次					
第四次					
第五次					
第六次					
全面检测第一次					
第七次					
第八次					
第九次					
第十次					
第十一次					
第十二次					
全面检测第二次					

注：特种物资设备主要为冷冻（藏）库、高效捕杀器和便捷式捕杀器（包括其电源插口、捕杀枪、蓄电池、线圈、充放电等项目）。

防疫应急物资管理

"十要、十不要"

一要健全制度，不要无章可循；

二要专人管理，不要职责不明；

三要码放整洁，不要凌乱无序；

四要标牌醒目，不要无标无识；

五要先进先出，不要先进后出；

六要定期盘查，不要库存不明；

七要台账明晰，不要记录不清；

八要日常维护，不要过期无效；

九要风险管控，不要遗留隐患；

十要进库报告，不要闲人私入。

（二）记录及报表

南京市重大动物疫病疫苗申报月报表

（___年___月）

填报单位(盖章)：___

计量单位：万毫升、万羽份、万头份

高致病性禽流感		牲畜口蹄疫						小反刍兽疫	
重组禽流感病毒（H5+H7）三价灭活疫苗	供应商	猪口蹄疫O型灭活疫苗	供应商	猪口蹄疫O型合成肽疫苗	供应商	口蹄疫O型、A型二价灭活疫苗	供应商	小反刍兽疫活疫苗（或含小反刍）	供应商

填报人：　　　　　　　　负责人：　　　　　　　　填表时间：　　年　　月　　日

注：各街镇可以根据实际需要订购疫苗品种、数量、厂家（招标范围内）。

南京市疫苗与耳标库存月报表

(_____年____月)

填报单位（盖章）：_____

名称	计量单位	镇街疫苗情况				
		上月库存量	本月进库量	本月出库量		月底库存量
				下发数量	报损数量	

填表人：   负责人：

注：表格中"报损数量"是指报废数和开封后未使用完且无法保存被遗弃数；本表请于每月25日前传真上报区动物疫病预防控制中心。

南京市重大动物疫病免疫疫苗入库登记明细表

登记单位：＿＿＿＿＿＿＿＿＿

入库时间	疫苗品种	生产厂家	规格	计量单位	数量	生产批号	有效期	经手人签字	累计入库	备注

注：此表入库时间填写年、月、日；疫苗入库登记应按品种分类，不同品种疫苗分开登记。

南京市重大动物疫病免疫疫苗出库登记明细表

登记单位：＿＿＿＿＿＿＿＿

库存时间	库存量	疫苗品种	出库时间	生产厂家	规格	计量单位	出库数量	生产批号	有效期	领用单位	领用人签字	发苗人签字	实际库存量	备注

注：此表出库时间填写年、月、日；疫苗出库登记应按品种分类，不同品种疫苗分开登记。

南京市重大动物疫病免疫耳标入库情况明细表

登记单位：＿＿＿＿＿＿＿＿

入库时间	耳标品种	生产厂家	计量单位	签收数量	任务号	包号	耳标号	经手人签字	累计入库	备注

注：此表入库时间填写年、月、日；耳标入库登记应按品种分类，不同品种耳标分开登记。

南京市重大动物疫病免疫耳标出库情况明细表

登记单位：_____

出库时间	耳标品种	生产厂家	计量单位	发出数量	任务号	包号	耳标号	实际库存量	领用人签字	发放人签字	备注

注：此表出库时间填写年、月、日；耳标出库登记应按品种分类，不同品种耳标分开登记。

南京市重大动物疫病免疫疫苗与畜禽耳标报损情况审批表

单位：万毫升、万头份、万羽份、万套

填表单位：＿＿＿＿＿＿

品名	计量单位	报损数量	疫苗批号/耳标编号	有效期	生产厂家	报损原因	处理方式	备注

填表人：　　　　　　　　　　审批人：　　　　　　　　　　报损日期：　　年　　月　　日

注：本表市、区、街镇三级通用，由动物防疫物资保管人员填写，报本单位负责人审批、盖章。

南京市冰箱冰柜温度记录表

_____年___月

日期	温度				记录人	日期	温度				记录人
	冷藏室		冷冻室				冷藏室		冷冻室		
	上午	下午	上午	下午			上午	下午	上午	下午	
1日						17日					
2日						18日					
3日						19日					
4日						20日					
5日						21日					
6日						22日					
7日						23日					
8日						24日					
9日						25日					
10日						26日					
11日						27日					
12日						28日					
13日						29日					
14日						30日					
15日						31日					
16日											

南京市疫苗领用存根

领苗单位：_____　　　　　　　编号：_____

疫苗名称	计量单位	数量	规格	疫苗批号	有效期	疫苗厂家	备注

领苗人：　　　　　　　　发苗人：　　　　　　　　单位盖章：

领苗日期：

南京市疫苗领用凭据

领苗单位：_____   编号：_____

疫苗名称	计量单位	数量	规格	疫苗批号	有效期	疫苗厂家	备注

领苗人：   发苗人：   单位盖章：

领苗日期：

南京市畜禽标识订购计划申报表

（　　　年第　　季度）

填报单位（盖章）：

计量单位：万套

（街镇）名称	猪标数量	猪标拟订供标厂	牛标数量	牛标拟订供标厂	羊标数量	羊标拟订供标厂	供标时间	备注

填表人：　　　　　　　　　　负责人：　　　　　　　　　　填报日期：　　年　　月　　日

注：本表请各街镇于每季度末的 25 日前传真上报区动物疫病预防控制中心。

南京市消毒药品储备情况统计表

（_____年第____季度）

单位			
填表日期	年　　　月　　　日		
填表人			
主管领导			
消毒药品种类	区级存储数量	街镇存储数量	备注
消毒药（吨）			
消毒剂（升）			
其他			

应急物资盘点表

（　　年　　月　　日）

序号	品名	期初库存数	计量单位	本期购进数	本期发出数	期末库存数	库位	购买时间	有效期	更新报废年限	购买时总金额	单价	备注
1													
2													
3													
4													
5													
6													
7													
8													
9													
10													
11													
12													
13													
14													
15													

序号	品名	期初库存数	计量单位	本期购进数	本期发出数	期末库存数	库位	购买时间	有效期	更新报废年限	购买时总金额	单价	备注
16													
17													
18													
19													
20													
21													
22													
23													
24													
25													
26													
27													
28													
29													
30													

负责人：

盘点制表人：

六 报免室（犬防室）

（一）制度

动物报免工作制度

1. 根据国家动物防疫法律法规的有关规定，实施动物疫病计划免疫，应免动物实行免疫申报制度。

2. 实行首问负责制。接报人接到免疫申报后，做好申报信息记录工作，并将有关申报信息反馈至动物防疫人员。

3. 动物防疫人员接到免疫申报信息后，应及时核查申报免疫动物的数量、免疫情况以及动物健康状况，按照免疫程序，做好免疫疫苗等各项准备工作。

4. 对非自繁自养国内引进的动物，应按照不同病种免疫程序的要求，实施免疫预防，一般引进后隔离观察饲养 7～15 日无异常后实施免疫注射。

5. 免疫过程中，饲养者应做好保定和防护工作，确保人员安全。

6. 动物防疫人员在实施免疫注射后，应于当日规范做好免疫注射情况登记，建立免疫档案，确保可追溯。

7. 动物免疫档案应做到建立完整、保存完好、清晰可查。

动物报免工作流程

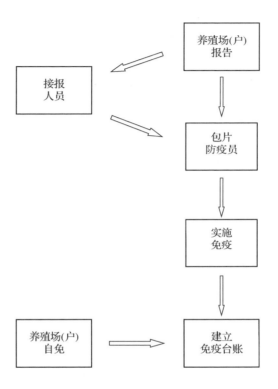

养殖场(户)
报告

接报
人员

包片
防疫员

实施
免疫

养殖场(户)
自免

建立
免疫台账

南京市街镇犬类免疫点建设基本要求

1. 建立犬类免疫点的基本条件

（1）单位的性质应为法定的基层动物防疫机构（街镇畜牧兽医站或农业技术服务中心）。

（2）人员要求：配备 2 名以上专业技术人员，应具备不少于 2 名官方兽医或乡村兽医；免疫人员须从事相关动物免疫工作 1 年以上，免疫技术娴熟；免疫人员需定期接受市或区级动物疫病预防控制机构有关免疫业务知识、法律法规等的培训，经考核合格后方可上岗。

2. 犬类免疫点实施要求

（1）免疫场所要求：犬类免疫要有独立的区域，包括免疫登记处、疫苗注射处、留置观察处，且与诊疗等服务区域明显分开，并有物理性隔离；免疫区域标识醒目，使用面积不小于 5 m²。

（2）免疫设施设备要求：应配备必要的设施，包括电脑、冰箱、保定设备、免疫操作台、听诊器、体温计、手提喷雾消毒器、环保废弃桶等。

（3）制度建设要求：免疫场所应上墙公示《南京市街镇犬类免疫点建设基本要求》《南京市犬（猫）狂犬病免疫证、牌发放程序》《犬（猫）狂犬病免疫程序（推荐）》《犬类狂犬病免疫注意事项》等。

（4）犬类免疫点门立面要求：在门立面醒目位置悬挂全市统一编号、标识及式样一致的"犬类免疫点"公示牌。

（5）犬类免疫点内部装饰要求：免疫区域装饰腰线标语为"依法免疫、关爱健康"，字体为华文新魏（白色），底色为湖蓝色。

（6）免疫信息化建设要求：有条件的街镇要推进犬类免疫信息化建设，实行犬类狂犬病免疫网络化管理，结合工作实际适时启用网络版"南京市犬（猫）类免疫管理系统"。犬类免疫信息化建设应配置网络、电脑、激光打印机、摄像头、扫码仪、冰箱、操作台、档案柜、防护用品等防疫设施设备。

南京市犬（猫）狂犬病免疫证、牌发放程序

犬(猫)体检： 经临床检查健康的犬(猫)，方可接种狂犬病疫苗

接种疫苗： 凭相关登记手续接种狂犬病疫苗

办证及发牌： 注射疫苗后，宠物犬（猫）办理电子《南京市犬（猫）类免疫证》，发放二维码信息化犬（猫）免疫牌；农村散养犬办理《农村犬只狂犬病免疫证》，发放塑料犬免疫牌。免疫牌终身有效

留置及登记：犬（猫）注射疫苗后须留置观察15分钟，并详细录入或登记免疫犬（猫）等基本信息

强化免疫与年审： 犬（猫）接种疫苗免疫1年后，每年须强化免疫1次，并对《南京市犬（猫）类免疫证》进行审验或办理《农村犬只狂犬病免疫证》

犬（猫）狂犬病免疫程序（推荐）

犬龄	使用疫苗	免疫剂量	接种方法	备注
3月龄及以上犬	国产狂犬病灭活疫苗，首免时需连续注射2次，间隔14天	1头份	皮下或肌肉注射	按疫苗使用说明书操作
3月龄及以上犬、猫	进口狂犬病灭活疫苗	1头份	皮下或肌肉注射	一年一次
12月龄及以上犬、猫	国产或进口狂犬病灭活疫苗	1头份	皮下或肌肉注射	一年一次（强化免疫）

注：犬猫接种狂犬病疫苗时，均应按照疫苗使用说明书进行操作。

犬（猫）狂犬病免疫注意事项

1. 年龄

3月龄及以上犬（猫），经临床检查健康即可接种狂犬病疫苗，以后每年需强化免疫一次。

2. 环境改变

刚买或刚换生活环境的犬（猫），必须适应2周后再注射疫苗，一方面避免应激反应，另一方面观察犬（猫）是否有潜在疾病。

3. 健康状况

无论是初次还是每年强化免疫时都必须身体健康，有任何不适反应，如咳嗽、流鼻涕、呕吐、拉稀、精神不佳、体温升高或有传染病、慢性病等都不能注射疫苗。

4. 留置观察

狂犬病疫苗注射后需停留观察15分钟，无异常方可离开。免疫后24小时内不要带犬（猫）进行剧烈运动，不要过量喂水喂食，一周内不要洗澡、下水。

5. 保定

犬（猫）免疫时，主人应协助免疫人员做好保定工作。

（二）记录及报表

动物报免登记表

单位：头、只、条

报告日期	动物种类	数量	需免疫日期	报告人		接报人		实施日期	结果	实施人签名	备注
				姓名	电话	姓名	电话				

注：本表前列部分由场方人员填定，后面的"实施日期，结果及实施人签名"均由实施人填写；"结果"是指免疫结果。

南京市街镇动物报免情况月汇总表

填报单位：_____ 时间_____年___月 单位：头、只、条

行政村	猪	牛	羊	鸡	鸭	鹅	犬	其他	免疫数
合计									

填表人： 审核人： 负责人： 填报日期：

南京市城镇宠物犬（猫）狂犬病免疫登记表

日期	宠物主姓名	电话号码	住址	犬（猫）名	犬（猫）龄	性别	毛色	免疫疫苗	免疫证号	免疫牌号	票据号码	备注

南京市农村犬类狂犬病免疫登记表

_____区_____镇街   单位：条

| 免疫日期 | 地址 | | 户主 | 免疫数量 | 户主签名 | 备注 |
	村（社区）	组				
合计						

南京市犬类狂犬病免疫月度报表

_____区_____街镇　　　　填报____月份　　　　　　单位：条

上月栏存数		上月免疫数		本月栏存数		本月免疫数	
城镇数	农村数	城镇数	农村数	城镇数	农村数	城镇数	农村数

审核人：　　　　　　　　填报人：　　　　　　　　　填报日期：

注：本报表每月 25 日前由街镇站报至区站。

七　实验室

（一）实验人员基本工作职能及要求

1. 临床诊断

解剖、采样、初步诊断，必要时运用远程诊断系统进行会诊。

2. 样品接收与处理

血样的离心、样品的保存、送样。

3. 镜检

涂片制作和染色法（革兰氏、瑞氏染色法）等染色方法，正确使用显微镜。

4. 试验操作

主要项目包括血凝和血凝抑制试验和布鲁氏菌病虎红平板凝集试验等。

5. 试验结果的分析与处理

对试验数据进行分析，提交分析报告。

（二）实验室基础建设要求

1. 实验室相对独立，使用面积不低于 15 m^2，地面及墙壁防水、耐酸碱，易清理。

2. 配备必备的仪器设备，如电子天平（0.001 g）、解剖台、大小动物解剖器械、操作台、离心机、显微镜，冰箱、培养箱、移液器、振荡器、高压灭菌锅、干燥箱、紫外灯、电脑、网络、摄像头、废弃物收集容器等。

3. 诊断试剂及耗材，包括指形管、血凝板、消毒洗手液、禽流感抗原、新城疫抗原、染色剂（革兰氏、瑞氏）等。

（三）实验室简要平面布局图

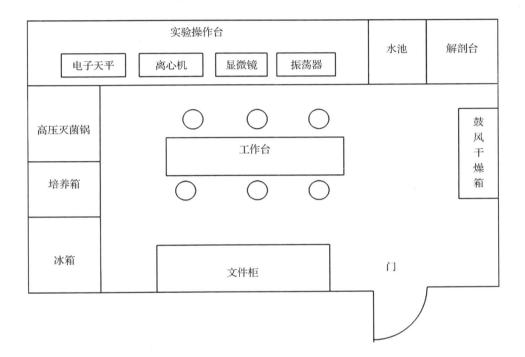

（四）相关制度

实验人员管理制度

1. 通过对实验室工作人员进行有效的管理和监督，确保各类别人员的能力符合要求，提高人员素质，减少人员因素对实验室检测结果的正确性和可靠性的影响。

2. 新进人员须经过岗前培训，一年见习期满考核合格后，方可独立从事实验工作（硕士及以上人员经岗前培训后即可独立从事检测工作）。

3. 根据实验室现有的和预期的任务以及实验室人员现状负责制定年度实验室人员教育、培训目标和计划，并组织实施。

4. 实验室应使用相对固定的专业技术人员。

5. 实验室应建立所有技术人员的人员技术档案，包括授权、能力、教育、专业资格、培训、技能、经验等记录。

卫生安全操作制度

1. 工作人员进入实验室必须穿戴工作服、鞋、帽、口罩、手套等；实验室内禁止会客、大声喧哗、吸烟、饮食、随地吐痰等。

2. 实验室安全工作须由专人负责。实验室人员应掌握各种仪器设备的安全使用知识，并接受各种危险品使用、保管常识培训，以及有关安全方面的培训，做好个人防护。

3. 实验室要保持实验台面、地面、各种仪器设备的干净、整洁；对实验废弃物进行无害化处理。

4. 每天上班后检查冰柜、冰箱等运行状态，并建档记录温度升降情况；下班前检查水、电、气、门、窗，确保安全；发现隐患，及时报告相关领导。

5. 易燃、易爆、剧毒物品应严格按《药品试剂、耗材管理制度》执行。

6. 实验室应配备适用于各种火灾情况的小型灭火器、消防沙等，所有实验室人员都应熟知灭火器的使用方法，发现火灾及时报警。

档案管理制度

1. 各种资料应及时收集整理，建档，分类保存。

2. 实验室的有关人员借阅一般性档案资料，必须办理借阅登记手续，并按时归还。

3. 所有原始数据只可就地查阅，不得带出实验室，更不予外借。

4. 原始记录随存档检验报告归档。年度办理完毕的文件记录档案卷宗上应有该记录的标识、记录的名称及代码、归档日期及保存期限等。

5. 超过保存期限的记录、档案，由保管人造册，列出销毁清单，经实验室负责人审核，报站领导批准后销毁。记录、档案的保存期一般为 5 年。

6. 资料室要做好清洁、防潮、防火、防盗等相关安全工作。

生物安全管理制度

1. 实验室负责人负责实验室的生物安全管理，定期派人对实验设施设备进行检查、维护和更新，以确保其符合国家标准。

2. 实验室从事实验活动应当严格遵守有关国家标准和实验室技术规范、操作规程，并指定专人监督检查落实情况。

3. 每年定期对工作人员进行培训，保证其掌握实验室技术规范、操作规程、生物安全防护知识和实际操作技能，并进行考核。经考核合格后方可上岗。

4. 严格病原微生物的管理，严防病原微生物被盗、被抢、丢失、泄露，保障实验室及其病原微生物的安全。

5. 实验室应当建立实验档案，记录实验室使用情况和安全监督情况。

6. 实验室应当依照环境保护的有关法律、行政法规和国务院有关部门的规定，对废水、废气以及其他废物进行处置，并制定相应的环境保护措施，防止环境污染。

仪器设备使用维护管理制度

1. 实验室应建立仪器设备档案，其内容包括设备名称、制造商、型号、产地、购买日期、仪器保管人员、仪器使用说明、保养维护记录等。每物一档，长期保存。

2. 仪器设备的使用和保管要实行"三定制度"，即定位（固定放置位置）、定人（固定管理人员）、定规（操作规范）。

3. 使用、保管有关仪器设备的人员，须熟练掌握有关仪器设备的操作程序和保养要求，按照规定的操作程序进行操作。

4. 设立贵重仪器设备的使用登记簿。每次用毕，使用人员须登记仪器使用情况。

5. 各种仪器设备须定期维护、校正，不能超负荷运行，有封印或标记的不可调部分不得擅自调动。

6. 仪器设备故障时应立即组织维修，所有维修情况均应有记录，并填写《仪器使用和维护检修记录表》。

药品试剂、耗材管理制度

1. 实验室使用的药品试剂须为有关部门批准生产的合格产品。

2. 药品试剂须登记造册，其内容包括名称（商品名、化学名）、规格、数（重）量、质量等级、有效期、购买时间、领取人、存放地点、供货单位名称及联系电话等。

3. 药品试剂必须妥善保管。化学试剂应保存于干燥、避光、阴凉处并远离火源；生物制剂按其特定要求存放；易燃易爆药品、氧化剂、腐蚀性药品须分别存放，并配备必要的防护用品及灭火器。

4. 危险物品的管理：易燃、易爆、腐蚀性、剧毒药品均属危险物品，必须由专人专柜专账保管，实行双锁制，经实验室负责人批准后方可领用。

5. 药品试剂须由专人保管。保管人员要定期核查，对过期、潮解、变质的试剂要及时清理并进行无害化处理。

样品管理制度

1. 样品统一由样品管理人员进行接收、登记、编号、分类保管，除供检测用外，副样保存备查。

2. 保存样品应有详细的记录，并按有关技术要求进行保存。

3. 样品应按有关规定的期限进行保存，特殊样品根据受检单位要求可延长保存期。

4. 保管的样品不得丢失，应防止包装破损、沾污、渗漏等。在异议申诉有效时间内，若样品保管不善，追究保管人的责任。

5. 检验后的样品进行无害化处理。

6. 样品登记，记录表格定期装订成册。

病料采集、保存、运输管理制度

1. 根据检验项目的不同，适时采样，样品必须在病初的发热时或症状典型时采样；病死的动物，应立即采样。

2. 合理采样。须严格按照规定采集各种足够数量的样品，不同疫病的需检样品各异，应按可能的疫病侧重采样。对未能确定为何种疫病的，应全面采样。

3. 典型采样。选取未经药物治疗、症状最典型或病变最明显的样品；如有并发症，还应兼顾采样。

4. 无菌取样。采集检验样品除供病理组织学检验外，供病原学及血清学等检验的样品必须无菌操作采样，采样用具、容器均须灭菌处理。尸体剖检需采集样品的，先采样后检查，以免人为污染样品。

5. 样品的保管。样品送到实验室后，应做好标识，尽快进行检测。所有样品均分为"待检样品""在检样品""已检样品"，应在 4 ℃保存。一般样品在检测结束后，需要留样的血清、组织样品放在－20 ℃保存，无需留样的进行无害化处理。

6. 样品的运输。所采集的样品必须尽快送往实验室，供细菌检验、寄生虫检验及血清学检验的样品需冷藏，必须在 24 小时内送到实验室；供病毒检验的冷藏处理样品，24 小时内不能送到实验室的，需在－20 ℃冷冻后再运输。装样品的容器应贴上标签，标签要防止因冻结而脱落，标签标明采集时间、地点、号码和样品名称，并附上发病、死亡等相关资料。

废弃物及污染物无害化处理制度

1. 实验室在建设时应注意环境保护，实验室下水道与雨水落水管分开，下水设计有专门的污水处理池。

2. 实验中使用过的动物尸体、脏器、血液、废弃的培养物必须消毒并放在专门的冰箱中，由专门机构处理，禁止乱倒乱放。

3. 实验时凡盛过或沾污有病原微生物的器皿、器械应先消毒再进行洗涤。

4. 有毒化学试剂使用后，禁止乱倒，应放在专门的收集瓶中，由专门机构处理。

5. 过期、潮解、变质的试剂要及时清理并进行无害化处理。

远程诊断系统操作管理制度

1. 远程诊断点设在实验室内，实行定点定人负责制度，配备一名专职技术人员为联络人，负责远程诊断系统的日常维护和运行。

2. 联络人按要求参加远程诊断系统的相关培训，能熟练操作和使用远程诊断系统。

3. 辖区内畜禽诊断记录，要及时通过远程诊断系统报送相关信息。

4. 需要远程视频诊断的病例，可联系市动物疫病预防控制中心远程诊断系统联络员。

5. 定期开展远程诊断设备的检修和维护，保证远程诊断工作的正常开展。

6. 配合市、区动物疫病预防控制中心做好远程诊断系统的使用情况调查和用户反馈工作。

7. 做好远程诊断系统的使用记录并存档，便于查询和疫情追溯。

实验室突发事件应急预案

1. 发生突发事件时的工作程序

（1）向相关领导报告。

（2）保持镇静，冷静处理，安排各类工作人员相关工作。

（3）针对发生事件采取相关应急预案。

（4）坚守岗位，直到找到或消除引发事件的源头。

（5）做好事后总结，完善和修改应急预案。

2. 电紧急处理程序

（1）电力突然中断。

（2）选择应急灯或电筒照明。

（3）检查使用中的仪器功能，必要时人工维持仪器的正常运行。

（4）电力恢复后再检查使用中的仪器运转是否正常。

3. 火警处理的应急预案

（1）发现火灾事故时，发现人员应立即切断或通知相关部门切断电源，并及时、迅速向实验室安全工作领导小组的负责人及地方消防部门（119）电话报警。报警时，要讲明发生火灾或爆炸的地点，燃烧物质的种类和数量，火势情况，报警人姓名、电话等详细情况。

（2）实验室有关负责人接到报案后，应立即组织有关人员赶赴火场展开救援工作。

（3）救护应按照"先人员，后物资，先重点，后一般"的原则进行，抢救被困人员及贵重物资，要有计划、有组织地疏散人员，并且要戴齐防护用具，注意自身安全，防止发生意外事故。

（4）根据火灾类型，采用不同的灭火器材进行灭火。

按照不同物质发生的火灾，火灾大体分为 4 种类型：

A 类火灾为固体可燃材料的火灾，包括木材、布料、纸张、橡胶以及塑料等。

B 类火灾为易燃可燃液体、易燃气体和油脂类等化学药品火灾。

C 类火灾为带电电气设备火灾。

D 类火灾为部分可燃金属，如镁、钠、钾及其合金等火灾。

扑救 A 类火灾：一般可采用水冷却法，但对精密仪器应使用二氧化碳、卤代烷、干粉灭火剂灭火。

扑救 B 类火灾：首先应切断可燃液体的来源，同时将燃烧区容器内可燃液体排至安全地区，并用水冷却燃烧区可燃液体的容器壁，减慢蒸发速度；及时使用大剂量泡沫灭火剂、干粉灭火剂将液体火灾扑灭。对于可燃气体应关闭可燃气体阀门，防止可燃气体发生爆炸，然后选用干粉、卤代烷、二氧化碳灭火器灭火。

扑救 C 类火灾：应切断电源后再灭火。若因现场情况及其他原因，不能断电，需要带电灭火时，应使用沙子或干粉灭火器，不能使用泡沫灭火器或水。

扑救 D 类火灾：钠和钾的火灾切忌用水扑救，水与钠、钾起反应释放出大量热和氢气，会促进火灾猛烈发展。应用特殊的灭火剂，如干砂或干粉灭火器等。

4. 停水和突然停水处理应急预案

（1）接到停水通知后，做好停水准备。合理安排好实验进度，急需做的实验提前做好水的储备。

（2）突然停水时，首先确认是内部故障导致停水还是外部原因导致停水。若系内部故障导致停水，应立即找人查找原因并采取措施，如自行无法解决应立即拨打 24 小时抢修电话；若系外部原因导致停水，一方面要防止突然来水引发事故，一方面致电供水公司查询停水情况，了解何时恢复供水，以便合理安排实验。

（五）记录表

采样单（血液、病料）

样品名称			样品数量		
样品编号			动物种类		
日龄			代次		
被采样单位	名称		采样单位	名称	
	地址			地址	
	电话			电话	
样品信息	总饲养量		被采样群饲养量		被采样群健康情况		饲养模式	

免疫信息	疫苗名称	疫苗品种	免疫次数	免疫时间（近三次）	剂量	生产厂家	批号

被采样单位盖章 负责人签字： 　　年　　月　　日	采样单位盖章 采样人签字： 　　年　　月　　日

动物疫病（病理材料）采样登记表

样品编号：_____

被采样单位		联系电话				
地点		动物种类				
饲养数量		发病时间	年　月　日　时			
死亡时间	年　月　日　时	采集病料时间	年　月　日　时			
病理材料及数量		采样人				
疫病流行简况						
主要临床症状						
主要剖检病理变化						
曾经进行过何种疫苗接种和治疗						
采样目的						
初步诊断						
被检单位（签章）		采样人（签字）				

样品检验委托单

收检编号：＿＿＿＿＿＿＿＿＿＿

样品名称		检验目的	
样品编号		数量	
检验依据			
判定依据			
检验项目			
被抽单位		联系电话	
被抽单位地址		邮政编码	
抽样（委托）单位		联系电话	
通信地址		邮政编码	
委托人		委托日期	
报告提取方式	邮寄	自取	
以下由业务管理员填写			
收样人		收样日期	
收费依据		咨询电话	
检验费用		收费人员	

注：（1）本委托书一经完成，即具有法律效力，不得随意修改，请双方认真填写；

（2）此委托书一式二联，第二联作为委托方提取检验报告的依据；

（3）委托书中内容不留空格，不详之处请用"—"线填充。

血凝抑制试验检验原始记录

基本检验信息

检测时间	地点	环境湿度	环境温度

样品信息					
收检编号	样品名称	数量	包装	储存	备注
			离心管	冷藏（冻）	

诊断试剂				自配试剂	
抗原名称	生产厂家	批号	有效期	鸡红细胞	自配日期
				浓度 1%	

主要仪器、耗材

名称	型号	仪器编号
微型振荡器	MM-1	506-4
V 型血凝板	96 孔	—
移液器	单道、多道	

检验操作

简易流程	编号	分样号	结果
依据方法：GB/T 18936—2020（禽流感） GB/T 16550—2020（新城疫） 设置对照：病毒抗原、稀释液 编号分布示意图： 1 ················ 12 孔 1 对照样 丨 待检样 8孔 丨 操作流程 一、血凝（HA）试验测定 4HAU 抗原 1. 反应板 1～12 孔均加入 0.025 mL PBS； 2. 第 1 孔加入抗原混匀倍比稀释至 11 孔； 3. 每孔再加入 0.025 mL PBS； 4. 每孔加入 0.025 mL 1%鸡红细胞悬液；	1		
	2		
	3		
	4		
	5		
	6		
	7		
	8		
	9		
	10		
	11		

（续表）

简易流程	编号	分样号	结果
5. 振荡混匀室温（20～25 ℃）下静置40 min后观察结果。	12		
二、血凝（HI）试验测定待检样HI滴度	13		
1. 根据HA结果配置4HAU抗原；	14		
2. 反应板的1～11孔加入0.025 mL PBS，第12孔加入0.05 mL PBS；	15		
3. 第1孔内加0.025 mL血清倍比稀释至第10孔；	16		
4. 1～11孔加0.025 mL 4HAU抗原，室温下（约20 ℃）静置30 min；	17		
5. 每孔加0.025 mL 1%鸡红细胞悬液混匀，室温下静置40 min；	18		
6. 结果判定：以完全抑制4HAU抗原的血清最高稀释倍数作为HI滴度。	19		
	20		

检验人：　　　　　　　　　　　　复核人：

布鲁氏菌病抗体检测原始记录

基本检验信息

检测时间	地点	环境湿度	环境温度

样品信息					
收检编号	样品名称	数量	包装	储存	备注
	血清		离心管	冷藏（冻）	

诊断试剂名称	生产厂家	批号	有效期
布鲁氏菌病虎红平板凝集试验抗原			
标准阳性血清			

主要耗材	
名称	规格
试验平板	50 格

主要仪器		
名称	型号	仪器编号
移液器	单道、多道	

检验操作

简易流程	编号	分样号	结果
依据方法：GB/T 18646—2018 设置对照：阴、阳性对照 操作流程： 1. 吸取 30 μL 虎红抗原于平板之上； 2. 吸取 30 μL 阴、阳性血清和待检血清分别与抗原充分混合； 3. 静置，观察是否凝集。	1		
	2		
	3		
	4		
	5		
	6		
	7		
	8		
	9		
	10		

（续表）

检验操作			
简易流程	编号	分样号	结果
	11		
	12		
	13		
	14		
	15		
	16		
	17		
	18		
	19		
	20		
	21		
	22		
	23		
	24		
	25		
	26		

检验人：   复核人：

收检编号：

动 物 疫 病
检 验 报 告

＊畜检（监）字（　）第（　）

样品名称＿＿＿＿＿＿＿＿＿＿＿＿＿＿＿

被检单位＿＿＿＿＿＿＿＿＿＿＿＿＿＿＿

抽样单位＿＿＿＿＿＿＿＿＿＿＿＿＿＿＿

送样单位＿＿＿＿＿＿＿＿＿＿＿＿＿＿＿

＊＊＊畜牧兽医站

注意事项

1. 对本检验报告有异议，应于收到报告之日起十五日内（以当地邮戳为准）书面向本站提出，逾期不予受理。

2. 委托检验，本站仅对来样负责。

3. 本报告手写、涂改无效，无检验单位公章无效，无审核、批准人签字无效。

4. 本报告非经本站同意，不得以任何方式复制，经同意复制的复制件，应由本站加盖公章确认。

地　　址：

邮政编码：

电话及传真：

监督电话：

＊＊＊畜牧兽医站
动物疫病检验报告

报告书编号：＊畜检（监）字（　　）第（　　）

样品名称		样品编号	
样品状态		采样日期	
被抽/检单位		包装	
抽样单位		抽样人	
送样单位		送样人	
被检单位地址			
检验项目		样品数量	
检验依据		收样日期	
温度		湿度	报告日期	

检验用仪器 名称、型号、编号	仪器名称　　　　　　型号　　　　　　编号

检验项目	检验方法	检测数量	检验结果	合格率
以下空白				

结论：

检验报告专用章

签发日期：　　　年　月　日

编制		审核		签发	

样品检（监）测结果明细表

原始编号	分样号					
试剂厂家						
试剂批号						
检验人员						
检验时间						
复核人员						
复核时间						

试剂、耗材出入库登记表

品名：_____

期初库存	入库							出库						期末库存	备注
	日期	数量	规格	来源	批号	有效期	日期	数量	批号	领用单位	领用人	发放人			

畜禽诊疗记录

日期					记录人	
畜禽种类	日龄	栏存数	畜（禽）主姓名			备注
			发病数量	发病时间		
标识号	畜禽来源及发病情况简述					
临床症状及病理变化		初步诊断	处方号	用药说明	诊疗人	

冰箱/柜温度记录表

年份 _____

月份 _____								
日期	温度	日期	温度	日期	温度			

月份 _____					
日期	温度	日期	温度	日期	温度

月份 _____					
日期	温度	日期	温度	日期	温度

实验室废弃物无害化处理记录表

时间	品种	处理情况	经手人	备注

仪器使用登记表

日期	使用人	用途		使用情况		工作时间（点、分）		检查人	备注
		检品编号	检测项目	用前	用后	起	止		

仪器使用和维护检修记录表

实验室名称：_____   编号：_____

设备名称		型号	
设备编号		负责人	
维护检修方法			
维护检修内容			

维护检修记录

维护人员：
日　　期：

八 档案资料室

防疫档案资料整理基本要求

街镇畜牧兽医站应设立独立的档案资料室，档案资料根据年度动物疫病防控主要工作内容分门别类进行整理装订，主要有：

1. 年度工作布局资料：年度工作计划、半年工作总结、年度工作总结、考核管理办法、相关责任状、畜禽免疫程序、自免场免疫程序报备、非自免场免疫协议等资料。

2. 春防资料：文件通知、春防方案、会议（培训）相关资料、春季防疫行动周报、春季防疫监测周报、宣传相关资料、春防工作总结及影像（照片）等资料。

3. 夏防资料：文件通知、夏防方案、会议（培训）相关资料、夏季防疫行动中期（末期）报表、宣传相关资料、夏防工作总结及影像（照片）等资料。

4. 秋防资料：文件通知、秋防方案、会议（培训）相关资料、秋季防疫行动周报、秋季防疫监测周报、宣传相关资料、秋防工作总结及影像（照片）等资料。

5. 犬防资料：犬防免疫管理文件、会议通知、会议（培训）相关资料、宣传资料、免疫档案、犬防工作半年及年度总结、影像（照片）等资料。

6. 防疫物资资料：疫苗耳标出入库明细、疫苗标识申报计划、冰箱冰柜温度记录、疫苗领用凭证、消毒药品储备情况、应急物资盘点表等资料。

7. 血防资料：家畜养殖情况调查表、采样监测表、文件通知、预防性药品发放表、野粪监测表、血防责任状、宣传资料、半年和年度工作总结、影像（照片）等资料。

8. 其他资料：动物疫情报表、畜禽存栏情况统计表、疫苗耳标进出库及使用明细表、应急物资进出库及年度盘点表、防疫督查记录表及工作影像（照片）等资料。

防疫档案管理制度

1. 档案资料设立专存保管室，严禁闲杂人员进入档案室，不准在档案室内吸烟或存放易燃品，保管人员要随时清理检查。

2. 档案室要做到防尘、防火、防霉变、防虫蛀、防鼠咬，保持室内的卫生清洁。

3. 档案管理人员要做好各种文件、图表、原始记录、检测报告、免疫报表、免疫档案及各类总结等不同形式、不同载体档案材料的收集、整理和归档保存工作，实行统一管理，任何人不得据为己有。

4. 档案工作人员要做好保密工作，在非工作时间和公共场合不准与他人谈论档案内容，更不准个人摘引秘密文件和不经允许摘抄档案材料的内容。

5. 动物防疫资料（含文件资料）应定期装订成册，并根据资料形成的规律和特点，保持资料之间的有机联系，做到完整、准确和系统。根据不同价值确定保管期限（永久、长期、短期），并填写好卷内备考表。

6. 档案管理人员变动时，要对所保管的档案资料进行清查，核对无误后方可办理交接手续。

防疫档案资料借阅登记表

| 序号 | 借阅日期 | 档号 | 资料名称 | 借阅目的 | 方式 | | 借阅 | | 借阅单位、部门 | 借阅人 | 归还日期 | 备注 |
					借阅/用	查阅	原件	复印件				
1												
2												
3												
4												
5												
6												
7												
8												
9												
10												

____年南京市春防行动免疫进度周报表（一、二免分开填报）

（   年   月   日—   月   日）

填表单位（盖章）：

病种		使用疫苗量（万毫升,万羽份,万头份）				免疫数（万头,万羽）										春防应免数（万头,万羽）				本周存栏数（万头,万羽）	
口蹄疫	疫苗品种	猪O型灭活苗	猪O-A合成肽	牛羊O-A二价合成肽	牛羊O-A二价灭活苗	猪O型灭活苗	猪O型合成肽	猪O-A灭活苗	猪O-A合成肽	牛O-A型灭活苗（不含奶牛）	奶牛O-A型灭活苗	牛O-A型合成肽（不含奶牛）	奶牛O-A型合成肽	羊O-A型灭活苗	羊O-A型合成肽	猪	牛（不含奶牛）	奶牛	羊	猪	牛（不含奶牛）/奶牛/羊
	本周																				
	累计																				
高致病性禽流感	疫苗品种	禽流感-新城疫重组二联活苗	H5+H7三价苗	重组禽流感病毒（H5+H7二价）灭活苗	高致病性禽流感灭活苗	鸡（二联活苗）	鸡（H5+H7三价）	鸭（H5+H7三价）	鹅（H5+H7三价）	其他禽（H5+H7三价）	其他禽（二联活苗）	鸡（H5+H7二价）	鸡（高致病性禽流感灭活苗）			鸡	鸭	鹅	其他	鸡	鸭
	本周																				
	累计																				

（续表）

病种	疫苗品种	使用疫苗量（万毫升、万羽份、万头份）		免疫数（万头、万羽）		春防应免数（万头、万羽）	本周存栏数（万头、万羽）
		小反刍兽疫活疫苗	小反刍兽疫-山羊痘二联活疫苗	羊（小反刍兽疫活疫苗）	羊（小反刍兽疫-山羊痘二联活疫苗）	羊	鹅
小反刍兽疫	本周						
	累计						其他禽

填表人：　　　　　　　　　　填报日期：

注：(1) 本表一免指：从本次防疫行动之日起打的第一针；二免指：在防疫行动期间，同一畜打的第二针；(2) 使用疫苗量包括规模场户自购苗和政府采购苗的使用数量；(3) 小反刍兽疫没有免疫的填零；(4) 牛分为奶牛和牛；(5) 累计一栏为本次防疫行动的累计数。

_____年南京市春防行动防疫效果监测周报表

填表单位（盖章）：_____　　　　　_____年___月___日

病种		畜禽种类	监测数	合格数	合格率	备注
口蹄疫	O 型	猪				
		牛				
		羊				
		其他				
		合计				
	A 型	牛				
		羊				
		合计				
	合计					
高致病性禽流感	H5N6（H5-Re13 株）	鸡				
		鸭				
		鹅				
		其他				
		合计				
	H5N8（H5-Re14 株）	鸡				
		鸭				
		鹅				
		其他				
		合计				
	H7N9（H7-Re4 株）	鸡				
		鸭				
		鹅				
		其他				
		合计				
	合计					
小反刍兽疫		羊				
猪瘟		猪				
猪繁殖与呼吸综合征		猪				

填表人：　　　　　　　　联系电话：　　　　　　　　审核人：

＿＿＿＿年南京市夏防行动免疫进度报表

中期（　　）　末期（　　）

填表单位（盖章）：＿＿＿＿＿＿＿＿

病种			使用疫苗量（万毫升、万羽份、万头份）			本期免疫数（万头、万羽）			本期应免数（万头、万羽）		本期存栏数（万头、万羽）
口蹄疫	疫苗品种		猪 O 型灭活苗	猪 O-A 型灭活苗	猪 O-A 合成肽	猪 O 型灭活苗	猪 O 型合成肽	猪 O-A 灭活苗	猪 O-A 合成肽	猪	猪
			牛羊 O-A 二价灭活苗	牛羊 O-A 二价灭活苗	牛羊 O-A 二价合成肽	牛 O-A 型灭活苗（不含奶牛）	奶牛 O-A 型灭活苗	羊 O-A 型灭活苗	牛 O-A 型合成肽（不含奶牛）	奶牛 O-A 型合成肽	羊 O-A 型合成肽	牛（不含奶牛）	奶牛	牛（不含奶牛）
	本周											
	累计											
高致病性禽流感	疫苗品种		H5＋H7 三价苗	禽流感-新城疫重组二联活苗		鸡（H5＋H7 三价）	鸡（二联活苗）	鸭（H5＋H7 三价）	其他禽（H5＋H7 三价）	其他禽（二联活苗）	鸡	鸭	鹅	其他	羊
	本周											
	累计											
	疫苗品种		重组禽流感病毒（H5＋H7）二价灭活疫苗	高致病性禽流感灭活疫苗		鸡（高致病性禽流感灭活苗）							
	本周											
	累计											

病种	疫苗品种		使用疫苗量 （万毫升、万羽份、万头份）		本期免疫数（万头、万羽）		本期应免数 （万头、万羽）	本期存栏数 （万头、万羽）
			小反刍兽疫活疫苗	小反刍兽疫—山羊痘二联活疫苗	羊（小反刍兽疫活疫苗）	羊（小反刍兽疫—山羊痘二联活疫苗）	羊	鹅
小反刍兽疫	小反刍兽疫活疫苗	本周						
	小反刍兽疫—山羊痘二联活疫苗	累计					其他禽

填表人：　　　　　　　　　　　　　　　　填报日期：

注：（1）使用疫苗量包括规模场户自购苗和政府采购苗的使用数量；（2）牛分为奶牛和牛；（3）累计一栏为本次防疫行动的累计数。

____年南京市秋防行动免疫进度周报表（一、二免分开填报）

（   年   月   日—   月   日）

填表单位（盖章）：

病种	疫苗品种		使用疫苗量（万毫升,万羽份,万头份）		免疫数（万头,万羽）		秋防应免数（万头,万羽）	本周存栏数（万头,万羽）
口蹄疫	猪O型灭活苗 / 猪O-A合成肽	本周			猪O型灭活苗 / 猪O型合成肽	猪O-A灭活苗 / 猪O-A合成肽	猪	猪
		累计						
	牛羊O-A二价合成肽 / 牛O-A灭活苗	本周			牛O-A型灭活苗（不含奶牛）/ 牛O-A型合成肽（不含奶牛）；奶牛O-A型灭活苗 / 奶牛O-A型合成肽；羊O-A型灭活苗 / 羊O-A型合成肽		牛（不含奶牛）；奶牛；羊	牛（不含奶牛）；奶牛；羊
		累计						
高致病性禽流感	禽流感-新城疫重组二联活苗；H5+H7三价苗	本周			鸡（H5+H7三价）；鸭（H5+H7三价）；鹅（H5+H7三价）；其他禽（H5+H7三价）/ 其他禽（二联活苗）		鸡；鸭；鹅；其他	鸡；鸭
		累计						
	重组禽流感病毒（H5+H7二价）灭活疫苗；高致病性禽流感灭活疫苗	本周			鸡（H5+H7二价）；鸡（高致病性禽流感灭活苗）			
		累计						

（续表）

病种	疫苗品种	使用疫苗量（万毫升、万羽份、万头份）		免疫数（万头、万羽）		秋防应免数（万头、万羽）	本周存栏数（万头、万羽）
		小反刍兽疫活疫苗	小反刍兽疫-山羊痘二联活疫苗	羊（小反刍兽疫活疫苗）	羊（小反刍兽疫-山羊痘二联活疫苗）	羊	鹅
小反刍兽疫	本周						
	累计						其他禽

填表人：　　　　　　　　　　填报日期：

注：(1) 本表一免指：从本次防疫行动之日起打的第一针；二免指：在防疫行动期间，同一畜禽打的第二针；(2) 使用疫苗量包括规模场户自购苗和政府采购苗的使用数量；(3) 小反刍兽疫没有免疫的填零；(4) 牛分为奶牛和牛；(5) 累计一栏为本次防疫行动的累计数。

_____年南京市秋防行动防疫效果监测周报表

填表单位（盖章）：_____   _____年___月___日

病种		畜禽种类	监测数	合格数	合格率	备注
口蹄疫	O 型	猪				
		牛				
		羊				
		其他				
		合计				
	A 型	牛				
		羊				
		合计				
	合计					
高致病性禽流感	H5N6（H5-Re13 株）	鸡				
		鸭				
		鹅				
		其他				
		合计				
	H5N8（H5-Re14 株）	鸡				
		鸭				
		鹅				
		其他				
		合计				
	H7N9（H7-Re4 株）	鸡				
		鸭				
		鹅				
		其他				
		合计				
	合计					
小反刍兽疫		羊				
猪瘟		猪				
猪繁殖与呼吸综合征		猪				

填表人：   联系电话：   审核人：

口蹄疫疫苗使用与免疫进度情况报表

（　　年　　月）

单位(公章)：
填报日期：
填表人：
主管领导(签章)：

疫苗来源	疫苗种类	本月疫苗使用（万毫升）	本月免疫（万头/只）					全年累计免疫情况（万头/只）					全年累计使用疫苗（万毫升）	备注
			猪	牛(不含奶牛)	奶牛	羊	其他	猪	牛(不含奶牛)	奶牛	羊	其他		
政采苗	猪O型灭活苗													
	猪O型合成肽苗													
	口蹄疫O型-A型二价苗													
养殖场（户）自购苗	猪O型灭活苗													
	猪O型合成肽苗													
	口蹄疫O-A型灭活苗													
	口蹄疫O-A型合成肽苗													
	猪口蹄疫O型-A型二价苗													
	猪口蹄疫O型-A型合成肽苗													
合计														

（续表）

疫苗来源	疫苗种类	本月疫苗使用（万毫升）	本月免疫（万头/只）					全年累计免疫情况（万头/只）					全年累计疫苗使用（万毫升）	备注
			猪	牛（不含奶牛）	奶牛	羊	其他	猪	牛（不含奶牛）	奶牛	羊	其他		
	本月存栏							—	—	—	—	—		
	本月出栏							—	—	—	—	—		
	本月应免							—	—	—	—	—		
	当月平均免疫密度（%）							—	—	—	—	—		
填表说明	（1）本月免疫数量是指填报本月的免疫数量； （2）使用疫苗种类与其使用数量、免疫动物数量相对应； （3）没有数字填报，请填"0"； （4）填报数字请保留至小数点后2位。													

禽流感疫苗使用与免疫进度情况报表

（　　年　　月）

单位（公章）：＿＿＿＿＿＿
填报日期：＿＿＿＿＿＿
主管领导（签章）：＿＿＿＿

疫苗来源	疫苗种类	本月疫苗使用（万毫升/万羽份）	本月免疫（万头/只）				全年累计免疫情况（万头/只）				全年累计使用疫苗（万毫升/万羽份）	备注
			鸡	鸭	鹅	其他禽	鸡	鸭	鹅	其他禽		
政采苗	重组禽流感病毒H5＋H7三价灭活疫苗											
	重组禽流感病毒H5＋H7三价灭活疫苗											
	禽流感-新城疫重组二联活疫苗				—	—			—	—			
养殖场（户）自购	高致病性禽流感灭活疫苗											
	重组禽流感病毒H5亚型二价灭活疫苗											
本月免疫合计												

（续表）

疫苗来源	疫苗种类	本月疫苗使用（万毫升/万羽份）	本月免疫（万头/只）				全年累计免疫情况（万头/只）				全年累计疫苗使用（万毫升/万羽份）	备注
			鸡	鸭	鹅	其他禽	鸡	鸭	鹅	其他禽		
	本月存栏						—	—	—	—		
	本月出栏						—	—	—	—		
	本月应免						—	—	—	—		
当月平均免疫密度（%）												

填报说明

（1）填报数字请保留至小数点后 2 位；

（2）使用的疫苗种类与其使用数量、免疫动物数量相对应；

（3）"高致病性禽流感灭活疫苗"使用数量按毫升统计，"禽流感 新城疫重组二联活疫苗"使用数量按羽份统计。

猪繁殖与呼吸综合征疫苗使用与免疫进度情况报表

（　　年　　月）

单位（公章）：_____

填报日期：_____

填表人：_____

主管领导（签章）：_____

疫苗来源	疫苗种类	本月疫苗使用（万毫升）	本月应免（万头）	本月免疫（万头）	本月合计免疫（万头）	全年累计免疫数量（万头）	全年疫苗累计使用数量	备注
政采苗	猪繁殖与呼吸综合征活疫苗							
养殖场（户）自购	猪繁殖与呼吸综合征灭活疫苗							
	猪繁殖与呼吸综合征活疫苗							
当月平均免疫密度（%）								
填报说明	（1）填报数字请保留至小数点后 2 位； （2）使用的疫苗种类与其使用数量、免疫动物数量相对应； （3）"猪繁殖与呼吸综合征活疫苗"使用数量按毫升统计，"猪繁殖与呼吸综合征灭活疫苗"使用数量按头份统计。							

猪瘟疫苗使用与免疫进度情况报表

（　　年　　月）

单位（公章）：_____

填报日期：_____

填表人（签章）：_____

主管领导：_____

疫苗来源	疫苗种类	本月疫苗使用数量（万头／份）	本月免疫数量（万头）	全年累计免疫数量（万头）	全年疫苗累计使用数量（万头／份）	备注
政采苗	猪瘟活疫苗（细胞源 2～8 ℃保存）					耐热保护剂
	猪瘟活疫苗（细胞源 -15 ℃保存）					
	猪瘟活疫苗（传代细胞源）					
养殖场（户）自购	猪瘟活疫苗（细胞源 2～8 ℃保存）					耐热保护剂
	猪瘟活疫苗（细胞源 -15 ℃保存）					
	猪瘟活疫苗（传代细胞源）					
	猪瘟活疫苗（脾淋苗）					
本月合计（万头）		—				—
本月应免数（万头）			—		—	—
本月平均免疫密度（%）			—	—	—	—

新城疫疫苗使用与免疫进度情况报表

（　　年　　月）

单位（公章）：_____

填报日期：_____

填表人：_____

主管领导（签章）：_____

疫苗来源	疫苗种类	本月疫苗使用数量	本月免疫数量（万羽）	全年累计免疫数量（万羽）	全年疫苗累计使用数量	备注
市、县招标	新城疫灭活疫苗（万毫升）					
	新城疫弱毒疫苗（万羽份）					
养殖场（户）自购	新城疫灭活疫苗（万毫升）					
	新城疫弱毒疫苗（万羽份）					
本月合计免疫（万羽）				—	—	
本月应免（万羽）				—	—	
本月平均免疫密度（%）				—	—	
说明		填报数字请保留至小数点后 2 位。				

小反刍兽疫疫苗使用与免疫进度情况报表

（　　年　　月）

单位（公章）：_____
填报日期：_____
填表人：_____
主管领导（签章）：_____

疫苗种类	本月疫苗使用数量（万头份）	本月免疫数量（万只）	本月合计免疫数量（万只）	全年累计免疫数量（万只）	全年疫苗累计使用量（万头份）
小反刍兽疫活疫苗					
小反刍兽疫、山羊痘二联活疫苗					
当月应免总数					
当月免疫密度					
填表说明：	（1）使用疫苗种类与其使用数量、免疫动物数量相对应； （2）当月没有免疫数字填报，请填"0"。				

街镇"三灭四消"行动汇总表

时间： 年 月 日

消毒日期	街镇名称	洗消面积（平方米）	消毒药用量（吨）	洗消场点数（个）	灭害面积（平方米）	药物用量（千克）	灭害场点数（个）	备注
当天合计								
合计								

填表人：

联系电话：

负责人：

注：（1）本表以街镇为单位统计上报。（2）洗消面积指全部清洗消毒面积；洗消场点数指辖区内畜禽养殖、运输、屠宰加工、无害化处理等各环节的各类场（厂）数量。（3）如果洗消面积中有一定数量是通过物理消毒（高温等）完成的，可在备注中说明。

南京市____区家畜存栏情况月（____年）统计表　NJ2-1

填报单位：____　　　　____年__月　　　　单位：头、只（个位）

街镇	生猪存栏情况					牛存栏情况													羊存栏情况				犬、马存栏情况	
	上月末存栏	本月补栏	本月出栏	本月死亡	月末存栏	上月末存栏		本月补栏		本月出栏		本月合计死亡	月末存栏		上月末存栏	本月补栏	本月出栏	本月死亡	月末存栏	犬本月末存栏	马本月末存栏		
						奶牛	耕牛	奶牛	耕牛	奶牛	耕牛		奶牛	耕牛									
合计																							
年度累计																							

填表人：　　　　　　　审核人：

填表时间：____年__月__日

注：每月统计数截止日为 20 日；本月数为上月 21 日至本月 20 日的总数。

南京市　　　区家畜存栏情况月（　年）统计表 NJ2-2

填报单位：　　　　　　　　　　　　　　　　　　　年　　月　　　　　　　　　　　　　　　　　　单位：头、只

街镇	鸡存栏情况					鸭存栏情况					鹅存栏情况				其他禽存栏情况			
	上月末存栏	本月补栏	本月出栏	本月死亡	月末存栏	上月末存栏	本月补栏	本月出栏	本月死亡	月末存栏	本月补栏	本月出栏	本月死亡	月末存栏	上月末存栏	本月补栏	本月出栏	月末存栏
合计																		
年度累计																		

填表人：　　　　　　　　　　　审核人：　　　　　　　　　　　填表时间：　　年　　月　　日

注：每月统计数截止日为20日；本月数为上月21日至本月20日总数。

南京市＿＿＿＿年＿＿＿月动物疫情月报表　NJ1-1

填报单位：

单位：头、匹、只（羽）

分类	病名	发病范围 新发疫点数										易感动物数	发病数									
		总数	村数	场数	养殖小区	运输	屠宰	野生动物	市场	动物园	其他		总数	散养	规模场	养殖小区	运输	屠宰	野生动物	市场	动物园	其他
多种动物共患病	蓝舌病																					
	其中:羊																					
	其他																					
	伪狂犬病																					
	其中:猪																					
	其他																					
	狂犬病																					
	其中:犬																					
	其他																					
	炭疽																					
	其中:猪																					
	牛																					
	羊																					
	其他																					
	魏氏梭菌病																					
	其中:猪																					

（续表）

分类	病名	发病范围 新发发点数 总数	村数	场数	养殖小区	运输	屠宰	野生动物	市场	动物园	其他	易感动物数	发病数 总数	散养	规模场	养殖小区	运输	屠宰	野生动物	市场	动物园	其他
多种动物共患病	牛																					
	羊																					
	其他																					
	副结核病																					
	牛																					
	其他																					
	布鲁氏菌病																					
	其中:猪																					
	牛																					
	羊																					
	其他																					
	弓形虫病																					
	其中:猪																					
	其他																					
	棘球蚴病																					
	其中:羊																					
	其他																					
	钩端螺旋体病																					

（续表）

分类	病名	新发疫点数										易感动物数	发病数									
		总数	村数	场数	养殖小区	运输	屠宰	野生动物	市场	动物园	其他	总数	总数	散养	规模场	养殖小区	运输	屠宰	野生动物	市场	动物园	其他
多种动物共患病	其中:猪																					
	牛																					
	羊																					
	其他																					
	水泡性口炎																					
	其中:牛																					
	其他																					
牛病	牛传染性鼻气管炎																					
	牛出血性败血症																					
	牛结核病																					
	牛巴贝斯虫病																					
	牛锥虫病																					
	血吸虫病																					
	牛病毒性腹泻																					
	传染性脓疱性外阴道炎																					
	新生犊牛腹泻																					

分类	病名	发病范围 新发疫点数 总数	村数	场数	养殖小区	运输	屠宰	野生动物	市场	动物园	其他	易感动物数	发病数 总数	散养	规模场	养殖小区	运输	屠宰	野生动物	市场	动物园	其他
	小反刍兽疫																					
	绵羊痘和山羊痘																					
	山羊关节炎/脑炎																					
绵羊和山羊病	山羊传染性胸膜肺炎																					
	母羊地方性流产																					
	羊沙门氏菌病																					
	羊肠毒血症																					
	马传染性贫血																					
马病	马鼻疽																					
	马流感																					
	高致病性猪蓝耳病																					
猪病	猪水泡病																					
	猪瘟																					
	猪繁殖与呼吸综合征																					

（续表）

分类	病名	发病范围 新发疫点数										易感动物数	发病数									
		总数	村数	场数	养殖小区	运输	屠宰	野生动物	市场	动物园	其他		总数	散养	规模场	养殖小区	运输	屠宰	野生动物	市场	动物园	其他
猪病	猪乙型脑炎																					
	猪细小病毒																					
	猪丹毒																					
	猪肺疫																					
	猪链球菌病																					
	猪传染性萎缩性鼻炎																					
	猪支原体肺炎																					
	旋毛虫病																					
	猪囊尾蚴病																					
	猪圆环病毒病																					
	传染性胃肠炎																					
	猪副伤寒																					
	猪附红细胞体病																					
	猪流行性腹泻																					
禽病	新城疫																					
	禽传染性喉气管炎																					

分类	病名	发病范围 新发疫点数										易感动物数	发病数									
		总数	村数	场数	养殖小区	运输	屠宰	野生动物	市场	动物园	其他		总数	散养	规模场	养殖小区	运输	屠宰	野生动物	市场	动物园	其他
禽病	禽传染性支气管炎																					
	传染性法氏囊病																					
	马立克氏病																					
	低致病性禽流感																					
	鸡产蛋下降综合征																					
	禽白血病																					
	禽痘																					
	鸭瘟																					
	鸭病毒性肝炎																					
	小鹅瘟																					
	禽霍乱																					
	鸡霉乱																					
	鸡白痢																					
	鸡败血支原体																					
	鸡球虫病																					
	禽伤寒																					
	禽衣原体病																					

（续表）

分类	病名	发病范围										易感动物数	发病数								
		新发疫点数										总数	散养	规模场	养殖小区	运输	屠宰	野生动物	市场	动物园	其他
		总数	村数	场数	养殖小区	运输	屠宰	野生动物	市场	动物园	其他										
禽病	鸡病毒性关节炎																				
兔病	兔出血病																				
其他动物疫病	犬瘟热																				

填报单位：＿＿＿＿

单位：头、匹、只（羽）

分类	病名	病死数										急宰数										扑杀/销毁数	紧急免疫数										治疗数
		总数	散养	规模场	养殖小区	运输	屠宰	野生动物	市场	动物园	其他	总数	散养	规模场	养殖小区	运输	屠宰	野生动物	市场	动物园	其他		总数	散养	规模场	养殖小区	运输	屠宰	野生动物	市场	动物园	其他	
多种动物共患病	蓝舌病																																
	其中:羊																																
	其他																																
	伪狂犬病																																
	其中:猪																																
	其他																																
	狂犬病																																
	其中:犬																																
	其他																																
	炭疽																																
	其中:猪																																
	牛																																
	羊																																
	其他																																
	魏氏梭菌病																																
	其中:猪																																

（续表）

分类	病名	病死数								急宰数								扑杀/销毁数	紧急免疫数								治疗数
		总数	散养户	规模场	养殖小区	屠宰运输	野生动物	动物市场	其他	总数	散养户	规模场	养殖小区	屠宰运输	野生动物	动物市场	其他		总数	散养户	规模场	养殖小区	屠宰运输	野生动物	动物市场	其他	
多种动物共患病	牛																										
	羊																										
	其他																										
	副结核病																										
	其中:牛																										
	其他																										
	布鲁氏菌病																										
	其中:猪																										
	牛																										
	羊																										
	其他																										
	弓形虫病																										
	其中:猪																										
	其他																										
	棘球蚴病																										
	其中:羊																										
	其他																										
	钩端螺旋体病																										

分类	病名	病死数										急宰数										扑杀/销毁数	紧急免疫数										治疗数
		总数	散养	规模场	养殖小区	运输	屠宰	野生动物	市场	动物园	其他	总数	散养	规模场	养殖小区	运输	屠宰	野生动物	市场	动物园	其他		总数	散养	规模场	养殖小区	运输	屠宰	野生动物	市场	动物园	其他	
多种动物共患病	其中：猪																																
	牛																																
	羊																																
	其他																																
	水泡性口炎																																
	其中：牛																																
	其他																																
牛病	牛传染性鼻气管炎																																
	牛出血性败血症																																
	牛结核病																																
	牛巴贝斯虫病																																
	牛锥虫病																																
	血吸虫病																																
	牛病毒性腹泻																																
	传染性脓疱性外阴道炎																																
	新生犊牛腹泻																																

（续表）

分类	病名	病死数										急宰数										扑杀/销毁数	紧急免疫数										治疗数
		总数	散养	规模场	养殖小区	运输	屠宰	野生动物	市场	动物园	其他	总数	散养	规模场	养殖小区	运输	屠宰	野生动物	市场	动物园	其他		总数	散养	规模场	养殖小区	运输	屠宰	野生动物	市场	动物园	其他	
绵羊和山羊病	小反刍兽疫																																
	绵羊痘和山羊痘																																
	山羊关节炎/脑炎																																
	山羊传染性胸膜肺炎																																
	母羊地方性流产																																
	羊沙门氏菌病																																
	羊肠毒血症																																
马病	马传染性贫血																																
	马鼻疽																																
	马流感																																
猪病	高致病性猪蓝耳病																																
	猪水泡病																																
	猪瘟																																
	猪繁殖与呼吸综合征																																

（续表）

分类	病名	病死数										急宰数										扑杀/销毁数	紧急免疫数										治疗数
		总数	散养户	规模场	养殖小区	运输	屠宰	野生动物	市场	动物园	其他	总数	散养户	规模场	养殖小区	运输	屠宰	野生动物	市场	动物园	其他		总数	散养户	规模场	养殖小区	运输	屠宰	野生动物	市场	动物园	其他	
猪病	猪乙型脑炎																																
	猪细小病毒																																
	猪丹毒																																
	猪肺疫																																
	猪链球菌病																																
	猪传染性萎缩性鼻炎																																
	猪支原体肺炎																																
	旋毛虫病																																
	猪囊尾蚴病																																
	猪圆环病毒病																																
	传染性胃肠炎																																
	猪副伤寒																																
	猪附红细胞体病																																
	猪流行性腹泻																																
禽病	新城疫																																
	禽传染性喉气管炎																																

（续表）

分类	病名	病死数									急宰数									扑杀/销毁数	紧急免疫数									治疗数
		总数	散养	规模场	养殖小区	运输屠宰	野生动物	市场	动物园	其他	总数	散养	规模场	养殖小区	运输屠宰	野生动物	市场	动物园	其他		总数	散养	规模场	养殖小区	运输屠宰	野生动物	市场	动物园	其他	其他
禽病	禽传染性支气管炎																													
	传染性法氏囊病																													
	马立克氏病																													
	低致病性禽流感																													
	鸡产蛋下降综合征																													
	禽白血病																													
	禽痘																													
	鸭瘟																													
	鸭病毒性肝炎																													
	小鹅瘟																													
	禽霍乱																													
	鸡白痢																													
	鸡败血支原体																													
	鸡球虫病																													
	禽伤寒																													
	禽衣原体病																													

分类	病名	病死数								急宰数								扑杀/销毁数	紧急免疫数								治疗数
		总死数	规模养场	养殖小区	运输	屠宰	野生动物	动物市场	其他	总宰数	规模养场	养殖小区	运输	屠宰	野生动物	动物市场	其他		总数	散养	规模养场	养殖小区	运输	屠宰	野生动物	动物市场	其他
禽病	鸡病毒性关节炎																										
兔病	兔出血病																										
其他动物疫病	犬瘟热																										

南京市动物疫情快报表

填报单位：＿＿＿＿＿＿

联系电话：＿＿＿＿＿＿

单位：头、只（羽）

病名	发病动物种类	发病地点	存栏数	发病数	死亡数	扑杀数	诊断方法	诊断单位	诊断液提供单位	确诊时间	病症始现时间	采取措施	备注
文字材料：													

填表人：　　　　　　审核人：　　　　　　责任人：　　　　　　填表时间：　　　年　　　月　　　日

南京市畜禽规模饲养场防疫情况月报表

填报单位：_____

_____年___月

单位：个、头、毫升、千克、平方米

畜禽规模场类别	数量	存栏变化情况			免疫情况						消毒情况			畜禽非正常死亡及其处理情况			
		存栏数	出售数	累计出售数	实际存栏数	免疫病种	疫苗来源	生产厂名	免疫数	累计免疫数	药品名称	药品用量	消毒面积	累计死亡数	死亡数量	死亡原因	处理方式
	购进数																
猪场																	
禽场																	
牛场																	

填表人：　　　　　　　　审核人：　　　　　　　　责任人：　　　　　　　　填表时间：　　年　　月　　日

南京市＿＿＿＿区＿＿＿＿年度重大动物疫病发生情况登记表

单位:头、只

首发时间	首发场(户)名	发病数	死亡数	临诊疑似病名	确认病名	疫病波及范围 (时间、村名、场名、发病数、死亡数)	诊断相关报告 档案号	备注

填报单位:＿＿＿＿

填表人:＿＿＿＿　　负责人:＿＿＿＿　　填表时间:＿＿＿＿年＿＿月

注:(1) 重大动物疫病指本地新发生的疫病、一类疫病、二类疫病;
(2) 首发时间、地点指动物最早发病时间,最先发病的场、户所在的地点。

南京市动物饲养场所消毒灭源情况季报表

填报单位：_____

_____年___季

镇街	消毒情况				使用消毒药品数量（吨）	消毒面积（平方米）	全年累计消毒面积（平方米）	全年累计药品数量（吨）
	畜禽圈舍间数（个）	面积（平方米）	畜禽圈舍外场地（平方米）	面积（平方米）				
合计								

填表人：   负责人：   填表时间：

南京市____市____年布鲁氏菌病等8种动物疫病防控情况统计表

填报单位：

单位：头、只

病种	发病动物		饲养量	发病情况						免疫数	监测情况				扑杀数
				发病区数	发病街镇数	发病村数	发病数	死亡数	死亡率		监测区数	监测数	阳性数	阳性率	
布病	牛	奶牛													
		其他牛													
		小计													
	羊														
	猪														
	合计														
结核病	牛	奶牛													
		其他牛													
		合计													
	犬														
狂犬病	犬														
炭疽	所有易感动物														
猪链球菌	猪														
马鼻疽	马属动物														
马传贫	马属动物														
棘球蚴	牛														
	羊														
	犬														
	合计														

填表人：　　　　负责人：　　　　联系电话：　　　　填表时间：　　年　月　日

注：狂犬病监测为免疫抗体监测。

南京市动物防疫工作现场督导情况记录表（散养户）

被督导单位：_____ 区 _____ 街道

单位：头、羽、只、份

户名	村组名称	畜禽种类	存栏数	免疫情况	标识佩戴情况	发病数	死亡数	免疫档案建立情况	其他	督导意见

督导人员：

被督导单位相关负责人：

填表时间：　　年　　月　　日

注：(1) 发病数、死亡数、免疫情况统计时间为近6个月至检查当日；(2) 免疫情况主要是指牲畜口蹄疫、猪瘟、高致病性猪蓝耳病、高致病性禽流感、新城疫、小反刍兽疫等。

南京市动物防疫工作现场督导情况记录表（规模场户）

被督导单位：_____区_____街道   单位：头、羽、只、份、%

场名和电话					
畜禽种类			实际栏存数		
6个月内外调畜禽数					
免疫情况	病名（　　　）	已免数			
		未免数			
	病名（　　　）	已免数			
		未免数			
	病名（　　　）	已免数			
		未免数			
发病情况					
死亡情况					
耳标佩戴率					
免疫抗体监测情况					
免疫档案是否完整					
消毒制度是否落实，记录是否清晰					
畜禽规模场安全生产记录填写是否规范					
其他					
督导意见					

督导人员：   被督导单位相关负责人：

日期：　　　年　　月　　日

注：（1）调入数、发病数、死亡数、未免数、补免数、免疫抗体监测情况统计时间为近6个月至检查当日；（2）病名是指牲畜口蹄疫、猪瘟、高致病性猪蓝耳病、禽流感、新城疫、小反刍兽疫等。

_____年上半年或全年家畜血吸虫病监测情况统计表

_____街道   单位：头（次）

家畜种类	有螺村存栏数	有螺村放牧数	查病数	阳性数	感染率（%）	淘汰处理数	预防服药数
牛							
羊							
其他（猪）							
合计							

填报单位（盖章）：   填报人：   负责人：

_____年____月____日

___年上半年或全年家畜血吸虫病采样登记表

街道_____　　　　　　　　　　　　　　　　　　　　　　单位：头、只、千克

行政村	组	畜主姓名	种类	月龄	体重	健康状况	圈养/放牧	采样日期	样品名称	检测数量	检测方法	检测结果	备注

采样人：　　　　　　　　检测人：　　　　　　　　检测时间：　　　年　　月　　日

＿＿＿年上半年或全年血吸虫病野粪监测调查表

街镇＿＿＿

环境编号	环境名称	环境类别	野粪编号	采集日期（月日）	野粪种类	病原学检测结果

填表人：＿＿＿＿＿　　　　　审核人：＿＿＿＿＿　　　　　日期：＿＿＿年＿＿月＿＿日

注：环境类别：1. 钉螺监测环境；2. 人、畜经常活动场所。
病原学检测结果：0. 阴性；1. 阳性；9. 未检。
野粪种类：1. 牛粪；2. 羊粪；3. 猪粪；4. 马属粪便；5. 狗粪；6. 人粪；7. 不明或其他粪便。

_____年上半年（或全年）有螺地区家畜饲养情况调查表

_____街道 单位：头、只

家畜存栏数				放牧家畜数			
小计	牛	羊	其他	小计	牛	羊	其他

负责人：　　　　　　　　填报人：　　　　　　　　填报日期：

注：（1）家畜存栏数、放牧家畜数均以半年或年度统计数据为准；
　　（2）其他家畜主要指猪。

第三部分

畜禽规模养殖场有关制度及记录表

一 制度

报免与免疫管理制度

1. 坚持"预防为主"的方针，切实履行养殖者的免疫主体责任，按照国家免疫计划等相关规定，制定年度免疫方案，报当地街（镇）动物防疫机构备案，做好强制免疫组织实施。

2. 预防免疫工作实行场长负责制，并落实专人负责。结合当地兽医行政主管部门强制免疫要求，制定科学合理的免疫程序，并报当地街（镇）动物防疫机构备案。

3. 主动报免。免疫前3天向所在地街（镇）动物防疫机构报免，并在其指导下严格按照免疫程序规范实施免疫注射。

4. 规范免疫。对自繁自养的养殖场（户），按照免疫程序规定的时间要求，实施免疫注射。

5. 配齐疫苗保管与使用的冷藏设施设备，科学保管和使用疫苗。免疫注射后，按照规定加施畜禽标识，建立免疫登记台账。

6. 自觉接受并主动配合动物防疫机构的监测与指导，对监测不合格的，应主动按照规定及时实施补免。每月20日前向街（镇）动物防疫机构上报免疫情况。认真做好免疫登记台账保管工作，按照规定保存免疫档案。

卫生消毒制度

1. 卫生消毒工作实行场长负责制，并落实专人负责。

2. 配备充足的消毒器具和消毒药品，储备的消毒药不少于 2 种并定期更换，交替使用。

3. 养殖场的出入口应设置消毒通道，保持消毒池内的消毒液定期更换。

4. 进出场所有人员必须经过严格的卫生消毒。饲养、管理、技术等人员在进入生产区时，必须穿戴经消毒的场内统一提供的工作服、鞋、帽等，衣物使用后及时进行清洗、消毒。

5. 所有进出场区车辆必须进行严格消毒，并经专用通道进出。

6. 生产区圈舍每天至少清扫 1 次，每周至少进行 2 次卫生消毒，在疫病高发季节增加频次，每天至少消毒 1 次，办公区、生活区至少 15 天消毒 1 次。同时定期对生产用具进行消毒，不同区域的生产工具不得串用。

7. 每批畜禽调出后，圈舍要彻底清扫、消毒空栏 7 天以上方可转入下一批。

8. 场内畜禽粪便、污水及时清理，并及时进行无害化处理和消毒。

9. 场内解剖室与生产区分开，病死畜禽应当实施无害化处理，并对解剖场所进行彻底清洗和消毒。

10. 消毒工作实施后，消毒人员要及时做好消毒登记并签字。

病死畜禽无害化处理制度

1. 畜禽规模养殖场（户）应严格按照农业农村部《病死畜禽和病害畜禽产品无害化处理管理办法》进行无害化处理。

2. 出现突然病死或死因不明畜禽时，立即向当地街（镇）动物防疫机构或者防疫监管责任人报告，并落实好隔离、消毒等临时性的控制措施，做到不出售、不转运、不加工和不食用。

3. 养殖场应设立畜禽尸体暂存点，并配备冰柜等冷冻设备，确保无害化处理的尸体安全暂存。

4. 病死畜禽不得随意剖检，严禁在生产区随意解剖和处理病死畜禽。必要时由兽医人员在专门的地点进行检查或剖检。对诊断为疫病导致死亡的，要组织场内人员按照国家规定，在防疫监管责任人的监督下，送至集中暂存点，或实施深埋、化制等无害化处理。对非疫病引起死亡的，场内负责人要组织人员做好无害化处理。

5. 病死畜禽及排泄物和被污染的垫料（草）、饲料等物品均需采取深埋或堆积发酵等方式进行无害化处理。同时要对处理场所、工具、设备、人员进行彻底清洗和消毒。

6. 病死畜禽无害化处理或送出后，处理尸体场所，严禁无关人员和畜禽进入。

7. 对私自处理、随意丢弃病死畜禽者，将严肃处理，造成疫病流行的，依法追究相关人员法律责任。

畜禽健康巡查与疫情报告制度

1. 养殖场应加强日常健康巡查，严格遵守《农业农村部关于做好动物疫情报告等有关工作的通知》（农医发〔2018〕22号）。

2. 养殖场应明确并落实日常健康巡查人、疫情报告责任人工作职责。

3. 养殖场每天应有专人对畜禽健康情况进行巡查，重点检查其饮水量、采食量以及精神、食欲、体温、尿液、粪便等状态，查看是否染病，是否瘦弱，是否存在幼小的及怀孕后期的动物等，并做好日常巡查记录。

4. 在巡查过程中，发现畜禽异常死亡或疑似疫情时，立即采取隔离、消毒等防控措施，不得转移、出售、抛弃患病或疑似患病动物及尸体，并立即向当地街（镇）动物防疫机构或者防疫监管责任人报告。

5. 定期或不定期对巡查工作进行分析，评估其生物安全措施落实效果和疫病发生风险程度，不断完善疫病防控措施并落实。

6. 定期做好巡查及疑似疫情相关资料的整理和汇总工作，建立档案，以便溯源。

封闭饲养管理制度

1. 实行封闭饲养，场区入口设立警示牌，标明"防疫重地，闲人莫入"。

2. 外来车辆和人员不得随意进入养殖生产区，特殊情况需要进入生产区的，应当经过场方负责人同意，按照卫生消毒制度进行消毒处理后方可入内，并限定其活动范围和活动方向与路径。

3. 封闭饲养期间，饲养人员不得随意外出，减少与外界的接触，减少疫病传入风险。

4. 场内（生产区）不得饲养犬、猫等其他动物，工作人员不得从场外购入同源畜禽产品到场内加工食用，场内兽医不准对外开展诊疗。

5. 坚持自繁自养，引进畜禽应来自非疫区、持有效产地检疫证明以及必要的检测报告，引入后隔离观察 45 天，经检查确定健康后方可供繁殖使用或混群饲养。

6. 畜禽周转实行"全进全出"制，每批畜禽调出后，圈舍进行冲洗、消毒，至少空圈 7 天以上。

7. 不得在生产区内经营畜禽、饲料、兽药等。

疫苗采购、保管及使用管理制度

1. 实行专人负责制，确保疫苗质量。

2. 强制免疫病种疫苗在当地街（镇）动物防疫机构领用。实施"先打后补"的养殖场（户），自行采购。

3. 非强制免疫病种疫苗，购进时必须确认疫苗经销商的经营资格（兽用生物制品经营许可证、工商营业执照）以及疫苗的批准文号、有效期等。

4. 配备与疫苗储存、领用相适应的设施设备。

5. 购买或领用疫苗时应携带保温冷藏器具，并及时存放在冰箱中进行冷藏或冷冻，建立疫苗登记和使用台账。

6. 应每天对疫苗储存的冰箱或冰柜进行温控检查，并做好记录。如发现温度异常，应立即将疫苗转存至符合条件的冰箱或冰柜中，以防疫苗效价降低或失效。

7. 使用疫苗前一定要仔细查看疫苗的品种和有效期，详细与疫苗的使用说明书进行对照检查，确保疫苗质量安全后方可使用。

8. 不借用、转让、出售疫苗，未使用完的疫苗和其他疫苗瓶要在消毒后交由街（镇）动物防疫机构统一回收。

9. 废弃疫苗及其空瓶由街（镇）动物防疫机构回收或与有资质的第三方签订处理协议，不得随意丢弃。

10. 建立疫苗进出库台账，并规范记录，记录档案保存 5 年以上。

动物疫病风险评估与信息化管理制度

1. 实行专人负责制。由专人对场区内饲养的动物定期实施动物疫病风险评估。每年实施动物疫病风险评估 2 次以上，每半年不少于 1 次。

2. 积极配合当地动物防疫机构开展本场动物疫病风险评估工作。

3. 根据风险评估结果，确定动物疫病风险等级（共分为高风险、中风险、一般风险和低风险四级）。

4. 对评估为一般风险和低风险的，应主动落实消除风险因子的措施，降低风险程度。

5. 评估为中风险以上时，主动及时向当地动物防疫机构报告，在动物防疫机构指导下积极整改风险因子，降低风险等级，并将结果上报动物防疫机构。

6. 主动应用"南京市畜禽规模养殖场（户）疫病风险评估预警决策系统"开展风险评估工作。

免疫档案管理制度

1. 明确专人负责，设立专门的柜、桌，统一保存各类免疫档案。

2. 各类免疫病种的免疫记录等要认真、规范填写，做到应填项目齐全、字迹清晰。

3. 做好畜禽标识的领用、佩戴，并做好登记工作，以备查。

4. 每月上报的免疫情况汇总表留存保管，每年装订成册。

5. 免疫档案每月定期清理、分析、归档，并实行分类保管。

6. 免疫档案妥善保管，做到不缺损、不丢失。商品畜禽免疫档案至少保存5年以上，种畜禽免疫档案长期保存。

监测与分析制度

1. 动物疫病监测实行第一责任人制度，本场法人为动物疫病监测第一责任人。

2. 本场技术员为动物疫病监测测报员，负责动物疫病监测工作，做好监测信息的记录、统计和分析。

3. 主动开展检测工作，开展自检或委托有检测资格的第三方进行检测。

4. 主动配合动物防疫机构做好国家和当地规定的动物疫病监测工作及监测采样工作。

5. 高度重视动物疫病检测结果，在发现存在病原污染时，应主动进行净化，落实好生物安全措施，消灭病原。对抗体不合格的群体及时予以补免，确保群体免疫抗体常年保持较高水平。

6. 做好本场的免疫效果评价，及时掌握本场动物免疫抗体水平。

7. 了解各级主管部门的疫情发布，关注周边疫情/疫病动态，熟悉本地、本场疫病信息。加强流行病学监测，对相关动物疫情信息进行分析，为本场的防疫提供依据。

8. 做好疫病监测档案管理，完善疫病诊断记录，及时掌握场内病原分布状况，了解疫病流行趋势，便于疫病发生时疫源追溯和调查分析。

防疫管理制度

1. 落实防疫责任制。建立场内防疫责任体系，明确各岗位责任人员防疫职责，在场内醒目位置将"防疫责任岗"挂牌公示，接受社会监督。

2. 建立健全防疫管理责任制度。重点落实好重大动物疫病报免与免疫制度、卫生消毒制度、无害化处理制度、封闭饲养制度等，并规范执行。

3. 主动完善必要的防疫设施设备，落实专人负责维护保养，保障生物安全措施正常实施。

4. 在购进畜禽或者新生畜禽出生 7 日内，应向当地街（镇）动物防疫机构报告信息，建立养殖信息登记台账，并在每月 20 日前将栏存变动情况上报动物防疫机构。

5. 规范填写《南京市畜禽规模场安全生产记录》，客观真实记录疫苗采购和使用，标识领用，兽药和添加剂采购、使用以及免疫、消毒、疫病诊治、无害化处理等基本信息。

6. 主动接受各级动物防疫部门的免疫监测、疫病管理，自觉接受防疫指导与监督检查，并主动出示相关资料。

免疫技术操作规范

1. 使用疫苗前要认真检查疫苗瓶是否有破损，是否在有效期内，疫苗品种是否符合要求，并登记好疫苗的名称、厂家、疫苗的批号及有效期等。

2. 仔细阅读疫苗使用说明书，明确选用稀释液、使用的剂量、接种的方式及有关事项，并严格遵守。

3. 疫苗使用前应置于室温（20～25 ℃）下 2 个小时左右，并计算好稀释浓度进行稀释，严禁用开水、温水及含氯等消毒剂的水稀释疫苗。

4. 疫苗使用时要充分摇匀，使用过程中应保持匀质，防止日光照射，并尽可能在短时间内用完，超过 4 小时应销毁处理。

5. 实施免疫前，要对畜禽进行临床健康检查，确定健康后才能进行免疫。

6. 接种前根据需要选择合适的接种器械，使用前严格消毒，同时备足地塞米松、肾上腺素等应急药品。

7. 注射接种时要选择有效部位并严格消毒，操作方向要准确，深度适中，注射剂量要足，不得随意增减剂量，切忌打飞针，连续注射疫苗时要及时更换针头。

8. 接种结束后，应把接触过活疫苗的器械和剩余的疫苗浸入消毒液中或在水中煮沸消毒，将疫苗瓶消毒后交街（镇）动物防疫机构统一回收，严禁将剩余的疫苗和疫苗瓶乱丢乱弃。

9. 畜禽接种疫苗后一般观察 15～30 分钟，确定无异常反应后方可离开，发现异常立即救治。

记录表

冰箱/柜温度记录表

场名：_____   _____年____月

温度记录				温度记录			
日期	温度	记录人	备注	日期	温度	记录人	备注
1				17			
2				18			
3				19			
4				20			
5				21			
6				22			
7				23			
8				24			
9				25			
10				26			
11				27			
12				28			
13				29			
14				30			
15				31			
16							

畜禽疫苗及标识领用记录

场名：_____

领用日期	通用名称	批准文号	生产批号	有效期	生产厂家	供货单位	剂型	规格	数量	领用人	备注

畜禽疫苗及标识使用记录

场名：

日期	栏圈号	数量	日龄	名称	生产批号	生产厂家	规格	使用数量	不良反应	使用人签字	报废数量

畜禽免疫记录

场名：＿＿＿＿＿＿

单位：头、只、毫升/只、头份/只

免疫日期	畜禽种类	栋号圈号	栏存情况		应免病种	应（缓）免情况		实际免疫情况			免疫剂量	疫苗名称	生产厂家	批号	佩戴标识		备注
			原栏存数	新补栏数		应免数	缓免数	缓免原因	首免	二免	第N次免					数量	号码或贴背面	
合计																		

注：(1)"栋号圈号"自编（如1栋5圈简写为01~05）；(2)"首免、二免"可在下空格内打"√"；(3)"第N次免"指第2次免疫后的顺次自然数，如3、4、……等。

畜禽诊疗记录

场名：_____   编号：_____

发病动物种类		发病动物日龄	
发病时间		发病数量	
存栏量		死亡数	
死亡时间		免疫过的疫病种类及时间	
疫病流行情况			
临床症状			
病理变化			
用药情况及其他治疗手段			
初步诊断结果			
是否送实验室检测		检测结果	
治疗效果			
备注			

场方兽医签字：_____   日期：_____

畜禽健康巡查记录

场名：_____

日期	巡查内容	是否有 异常情况	异常情况 处理措施	巡查人签名	被查圈舍 饲养员签名

第四部分

附　件

中华人民共和国动物防疫法

（1997 年 7 月 3 日第八届全国人民代表大会常务委员会第二十六次会议通过　2007 年 8 月 30 日第十届全国人民代表大会常务委员会第二十九次会议第一次修订　根据 2013 年 6 月 29 日第十二届全国人民代表大会常务委员会第三次会议《关于修改〈中华人民共和国文物保护法〉等十二部法律的决定》第一次修正　根据 2015 年 4 月 24 日第十二届全国人民代表大会常务委员会第十四次会议《关于修改〈中华人民共和国电力法〉等六部法律的决定》第二次修正　2021 年 1 月 22 日第十三届全国人民代表大会常务委员会第二十五次会议第二次修订）

目　录

第一章　总则

第一条　为了加强对动物防疫活动的管理，预防、控制、净化、消灭动物疫病，促进养殖业发展，防控人畜共患传染病，保障公共卫生安全和人体健康，制定本法。

第二条 本法适用于在中华人民共和国领域内的动物防疫及其监督管理活动。

进出境动物、动物产品的检疫，适用《中华人民共和国进出境动植物检疫法》。

第三条 本法所称动物，是指家畜家禽和人工饲养、捕获的其他动物。

本法所称动物产品，是指动物的肉、生皮、原毛、绒、脏器、脂、血液、精液、卵、胚胎、骨、蹄、头、角、筋以及可能传播动物疫病的奶、蛋等。

本法所称动物疫病，是指动物传染病，包括寄生虫病。

本法所称动物防疫，是指动物疫病的预防、控制、诊疗、净化、消灭和动物、动物产品的检疫，以及病死动物、病害动物产品的无害化处理。

第四条 根据动物疫病对养殖业生产和人体健康的危害程度，本法规定的动物疫病分为下列三类：

（一）一类疫病，是指口蹄疫、非洲猪瘟、高致病性禽流感等对人、动物构成特别严重危害，可能造成重大经济损失和社会影响，需要采取紧急、严厉的强制预防、控制等措施的；

（二）二类疫病，是指狂犬病、布鲁氏菌病、草鱼出血病等对人、动物构成严重危害，可能造成较大经济损失和社会影响，需要采取严格预防、控制等措施的；

（三）三类疫病，是指大肠杆菌病、禽结核病、鳖腮腺炎病等常见多发，对人、动物构成危害，可能造成一定程度的经济损失和社会影响，需要及时预防、控制的。

前款一、二、三类动物疫病具体病种名录由国务院农业农村主管部门制定并公布。国务院农业农村主管部门应当根据动物疫病发生、流行情况和危害程度，及时增加、减少或者调整一、二、三类动物疫病具体病种并予以公布。

人畜共患传染病名录由国务院农业农村主管部门会同国务院卫生健康、野生动物保护等主管部门制定并公布。

第五条　动物防疫实行预防为主，预防与控制、净化、消灭相结合的方针。

第六条　国家鼓励社会力量参与动物防疫工作。各级人民政府采取措施，支持单位和个人参与动物防疫的宣传教育、疫情报告、志愿服务和捐赠等活动。

第七条　从事动物饲养、屠宰、经营、隔离、运输以及动物产品生产、经营、加工、贮藏等活动的单位和个人，依照本法和国务院农业农村主管部门的规定，做好免疫、消毒、检测、隔离、净化、消灭、无害化处理等动物防疫工作，承担动物防疫相关责任。

第八条　县级以上人民政府对动物防疫工作实行统一领导，采取有效措施稳定基层机构队伍，加强动物防疫队伍建设，建立健全动物防疫体系，制定并组织实施动物疫病防治规划。

乡级人民政府、街道办事处组织群众做好本辖区的动物疫病预防与控制工作，村民委员会、居民委员会予以协助。

第九条　国务院农业农村主管部门主管全国的动物防疫工作。

县级以上地方人民政府农业农村主管部门主管本行政区域的动物防疫工作。

县级以上人民政府其他有关部门在各自职责范围内做好动物防疫工作。

军队动物卫生监督职能部门负责军队现役动物和饲养自用动物的防疫工作。

第十条　县级以上人民政府卫生健康主管部门和本级人民政府农业农村、野生动物保护等主管部门应当建立人畜共患传染病防治的协作机制。

国务院农业农村主管部门和海关总署等部门应当建立防止境外动物疫病输入的协作机制。

第十一条　县级以上地方人民政府的动物卫生监督机构依照本法规定，负责动物、动物产品的检疫工作。

第十二条　县级以上人民政府按照国务院的规定，根据统筹规划、合理布局、综合设置的原则建立动物疫病预防控制机构。

动物疫病预防控制机构承担动物疫病的监测、检测、诊断、流行病学调查、疫情报告以及其他预防、控制等技术工作；承担动物疫病净化、消灭的技术工作。

第十三条　国家鼓励和支持开展动物疫病的科学研究以及国际合作与交流，推广先进适用的科学研究成果，提高动物疫病防治的科学技术水平。

各级人民政府和有关部门、新闻媒体，应当加强对动物防疫法律法规和动物防疫知识的宣传。

第十四条　对在动物防疫工作、相关科学研究、动物疫情扑灭中做出贡献的单位和个人，各级人民政府和有关部门按照国家有关规定给予表彰、奖励。

有关单位应当依法为动物防疫人员缴纳工伤保险费。对因参与动物防疫工作致病、致残、死亡的人员，按照国家有关规定给予补助或者抚恤。

第二章　动物疫病的预防

第十五条　国家建立动物疫病风险评估制度。

国务院农业农村主管部门根据国内外动物疫情以及保护养殖业生产和人体健康的需要，及时会同国务院卫生健康等有关部门对动物疫病进行风险评估，并制定、公布动物疫病预防、控制、净化、消灭措施和技术规范。

省、自治区、直辖市人民政府农业农村主管部门会同本级人民政府卫生健康等有关部门开展本行政区域的动物疫病风险评估，并落实动物疫病预防、控制、净化、消灭措施。

第十六条　国家对严重危害养殖业生产和人体健康的动物疫病实施强制免疫。

国务院农业农村主管部门确定强制免疫的动物疫病病种和区域。

省、自治区、直辖市人民政府农业农村主管部门制定本行政区域的强制免疫计划；根据本行政区域动物疫病流行情况增加实施强制免疫的动物疫病病种和区域，报本级人民政府批准后执行，并报国务院农业农村主管部门备案。

第十七条　饲养动物的单位和个人应当履行动物疫病强制免疫义务，按照强制免疫计划和技术规范，对动物实施免疫接种，并按照国家有关规定建立免疫档案、加施畜禽标识，保证可追溯。

实施强制免疫接种的动物未达到免疫质量要求，实施补充免疫接种后仍不符合免疫质量要求的，有关单位和个人应当按照国家有关规定处理。

用于预防接种的疫苗应当符合国家质量标准。

第十八条　县级以上地方人民政府农业农村主管部门负责组织实施动物疫病强制免疫计划，并对饲养动物的单位和个人履行强制免疫义务的情况进行监督检查。

乡级人民政府、街道办事处组织本辖区饲养动物的单位和个人做好强制免疫，协助做好监督检查；村民委员会、居民委员会协助做好相关工作。

县级以上地方人民政府农业农村主管部门应当定期对本行政区域的强制免疫计划实施情况和效果进行评估，并向社会公布评估结果。

第十九条　国家实行动物疫病监测和疫情预警制度。

县级以上人民政府建立健全动物疫病监测网络，加强动物疫病监测。

国务院农业农村主管部门会同国务院有关部门制定国家动物疫病

监测计划。省、自治区、直辖市人民政府农业农村主管部门根据国家动物疫病监测计划，制定本行政区域的动物疫病监测计划。

动物疫病预防控制机构按照国务院农业农村主管部门的规定和动物疫病监测计划，对动物疫病的发生、流行等情况进行监测；从事动物饲养、屠宰、经营、隔离、运输以及动物产品生产、经营、加工、贮藏、无害化处理等活动的单位和个人不得拒绝或者阻碍。

国务院农业农村主管部门和省、自治区、直辖市人民政府农业农村主管部门根据对动物疫病发生、流行趋势的预测，及时发出动物疫情预警。地方各级人民政府接到动物疫情预警后，应当及时采取预防、控制措施。

第二十条　陆路边境省、自治区人民政府根据动物疫病防控需要，合理设置动物疫病监测站点，健全监测工作机制，防范境外动物疫病传入。

科技、海关等部门按照本法和有关法律法规的规定做好动物疫病监测预警工作，并定期与农业农村主管部门互通情况，紧急情况及时通报。

县级以上人民政府应当完善野生动物疫源疫病监测体系和工作机制，根据需要合理布局监测站点；野生动物保护、农业农村主管部门按照职责分工做好野生动物疫源疫病监测等工作，并定期互通情况，紧急情况及时通报。

第二十一条　国家支持地方建立无规定动物疫病区，鼓励动物饲养场建设无规定动物疫病生物安全隔离区。对符合国务院农业农村主管部门规定标准的无规定动物疫病区和无规定动物疫病生物安全隔离区，国务院农业农村主管部门验收合格予以公布，并对其维持情况进行监督检查。

省、自治区、直辖市人民政府制定并组织实施本行政区域的无规定动物疫病区建设方案。国务院农业农村主管部门指导跨省、自治区、直辖市无规定动物疫病区建设。

国务院农业农村主管部门根据行政区划、养殖屠宰产业布局、风险评估情况等对动物疫病实施分区防控，可以采取禁止或者限制特定动物、动物产品跨区域调运等措施。

第二十二条 国务院农业农村主管部门制定并组织实施动物疫病净化、消灭规划。

县级以上地方人民政府根据动物疫病净化、消灭规划，制定并组织实施本行政区域的动物疫病净化、消灭计划。

动物疫病预防控制机构按照动物疫病净化、消灭规划、计划，开展动物疫病净化技术指导、培训，对动物疫病净化效果进行监测、评估。

国家推进动物疫病净化，鼓励和支持饲养动物的单位和个人开展动物疫病净化。饲养动物的单位和个人达到国务院农业农村主管部门规定的净化标准的，由省级以上人民政府农业农村主管部门予以公布。

第二十三条 种用、乳用动物应当符合国务院农业农村主管部门规定的健康标准。

饲养种用、乳用动物的单位和个人，应当按照国务院农业农村主管部门的要求，定期开展动物疫病检测；检测不合格的，应当按照国家有关规定处理。

第二十四条 动物饲养场和隔离场所、动物屠宰加工场所以及动物和动物产品无害化处理场所，应当符合下列动物防疫条件：

（一）场所的位置与居民生活区、生活饮用水水源地、学校、医院等公共场所的距离符合国务院农业农村主管部门的规定；

（二）生产经营区域封闭隔离，工程设计和有关流程符合动物防疫要求；

（三）有与其规模相适应的污水、污物处理设施，病死动物、病害动物产品无害化处理设施设备或者冷藏冷冻设施设备，以及清洗消毒设施设备；

（四）有与其规模相适应的执业兽医或者动物防疫技术人员；

（五）有完善的隔离消毒、购销台账、日常巡查等动物防疫制度；

（六）具备国务院农业农村主管部门规定的其他动物防疫条件。

动物和动物产品无害化处理场所除应当符合前款规定的条件外，还应当具有病原检测设备、检测能力和符合动物防疫要求的专用运输车辆。

第二十五条　国家实行动物防疫条件审查制度。

开办动物饲养场和隔离场所、动物屠宰加工场所以及动物和动物产品无害化处理场所，应当向县级以上地方人民政府农业农村主管部门提出申请，并附具相关材料。受理申请的农业农村主管部门应当依照本法和《中华人民共和国行政许可法》的规定进行审查。经审查合格的，发给动物防疫条件合格证；不合格的，应当通知申请人并说明理由。

动物防疫条件合格证应当载明申请人的名称（姓名）、场（厂）址、动物（动物产品）种类等事项。

第二十六条　经营动物、动物产品的集贸市场应当具备国务院农业农村主管部门规定的动物防疫条件，并接受农业农村主管部门的监督检查。具体办法由国务院农业农村主管部门制定。

县级以上地方人民政府应当根据本地情况，决定在城市特定区域禁止家畜家禽活体交易。

第二十七条　动物、动物产品的运载工具、垫料、包装物、容器等应当符合国务院农业农村主管部门规定的动物防疫要求。

染疫动物及其排泄物、染疫动物产品，运载工具中的动物排泄物以及垫料、包装物、容器等被污染的物品，应当按照国家有关规定处理，不得随意处置。

第二十八条　采集、保存、运输动物病料或者病原微生物以及从事病原微生物研究、教学、检测、诊断等活动，应当遵守国家有关病原微生物实验室管理的规定。

第二十九条　禁止屠宰、经营、运输下列动物和生产、经营、加工、贮藏、运输下列动物产品：

（一）封锁疫区内与所发生动物疫病有关的；

（二）疫区内易感染的；

（三）依法应当检疫而未经检疫或者检疫不合格的；

（四）染疫或者疑似染疫的；

（五）病死或者死因不明的；

（六）其他不符合国务院农业农村主管部门有关动物防疫规定的。

因实施集中无害化处理需要暂存、运输动物和动物产品并按照规定采取防疫措施的，不适用前款规定。

第三十条 单位和个人饲养犬只，应当按照规定定期免疫接种狂犬病疫苗，凭动物诊疗机构出具的免疫证明向所在地养犬登记机关申请登记。

携带犬只出户的，应当按照规定佩戴犬牌并采取系犬绳等措施，防止犬只伤人、疫病传播。

街道办事处、乡级人民政府组织协调居民委员会、村民委员会，做好本辖区流浪犬、猫的控制和处置，防止疫病传播。

县级人民政府和乡级人民政府、街道办事处应当结合本地实际，做好农村地区饲养犬只的防疫管理工作。

饲养犬只防疫管理的具体办法，由省、自治区、直辖市制定。

第三章　动物疫情的报告、通报和公布

第三十一条 从事动物疫病监测、检测、检验检疫、研究、诊疗以及动物饲养、屠宰、经营、隔离、运输等活动的单位和个人，发现动物染疫或者疑似染疫的，应当立即向所在地农业农村主管部门或者动物疫病预防控制机构报告，并迅速采取隔离等控制措施，防止动物疫情扩散。其他单位和个人发现动物染疫或者疑似染疫的，应当及时报告。

接到动物疫情报告的单位，应当及时采取临时隔离控制等必要措

施，防止延误防控时机，并及时按照国家规定的程序上报。

第三十二条 动物疫情由县级以上人民政府农业农村主管部门认定；其中重大动物疫情由省、自治区、直辖市人民政府农业农村主管部门认定，必要时报国务院农业农村主管部门认定。

本法所称重大动物疫情，是指一、二、三类动物疫病突然发生，迅速传播，给养殖业生产安全造成严重威胁、危害，以及可能对公众身体健康与生命安全造成危害的情形。

在重大动物疫情报告期间，必要时，所在地县级以上地方人民政府可以作出封锁决定并采取扑杀、销毁等措施。

第三十三条 国家实行动物疫情通报制度。

国务院农业农村主管部门应当及时向国务院卫生健康等有关部门和军队有关部门以及省、自治区、直辖市人民政府农业农村主管部门通报重大动物疫情的发生和处置情况。

海关发现进出境动物和动物产品染疫或者疑似染疫的，应当及时处置并向农业农村主管部门通报。

县级以上地方人民政府野生动物保护主管部门发现野生动物染疫或者疑似染疫的，应当及时处置并向本级人民政府农业农村主管部门通报。

国务院农业农村主管部门应当依照我国缔结或者参加的条约、协定，及时向有关国际组织或者贸易方通报重大动物疫情的发生和处置情况。

第三十四条 发生人畜共患传染病疫情时，县级以上人民政府农业农村主管部门与本级人民政府卫生健康、野生动物保护等主管部门应当及时相互通报。

发生人畜共患传染病时，卫生健康主管部门应当对疫区易感染的人群进行监测，并应当依照《中华人民共和国传染病防治法》的规定及时公布疫情，采取相应的预防、控制措施。

第三十五条 患有人畜共患传染病的人员不得直接从事动物疫病

监测、检测、检验检疫、诊疗以及易感染动物的饲养、屠宰、经营、隔离、运输等活动。

第三十六条　国务院农业农村主管部门向社会及时公布全国动物疫情，也可以根据需要授权省、自治区、直辖市人民政府农业农村主管部门公布本行政区域的动物疫情。其他单位和个人不得发布动物疫情。

第三十七条　任何单位和个人不得瞒报、谎报、迟报、漏报动物疫情，不得授意他人瞒报、谎报、迟报动物疫情，不得阻碍他人报告动物疫情。

第四章　动物疫病的控制

第三十八条　发生一类动物疫病时，应当采取下列控制措施：

（一）所在地县级以上地方人民政府农业农村主管部门应当立即派人到现场，划定疫点、疫区、受威胁区，调查疫源，及时报请本级人民政府对疫区实行封锁。疫区范围涉及两个以上行政区域的，由有关行政区域共同的上一级人民政府对疫区实行封锁，或者由各有关行政区域的上一级人民政府共同对疫区实行封锁。必要时，上级人民政府可以责成下级人民政府对疫区实行封锁；

（二）县级以上地方人民政府应当立即组织有关部门和单位采取封锁、隔离、扑杀、销毁、消毒、无害化处理、紧急免疫接种等强制性措施；

（三）在封锁期间，禁止染疫、疑似染疫和易感染的动物、动物产品流出疫区，禁止非疫区的易感染动物进入疫区，并根据需要对出入疫区的人员、运输工具及有关物品采取消毒和其他限制性措施。

第三十九条　发生二类动物疫病时，应当采取下列控制措施：

（一）所在地县级以上地方人民政府农业农村主管部门应当划定疫点、疫区、受威胁区；

（二）县级以上地方人民政府根据需要组织有关部门和单位采取隔

离、扑杀、销毁、消毒、无害化处理、紧急免疫接种、限制易感染的动物和动物产品及有关物品出入等措施。

第四十条 疫点、疫区、受威胁区的撤销和疫区封锁的解除，按照国务院农业农村主管部门规定的标准和程序评估后，由原决定机关决定并宣布。

第四十一条 发生三类动物疫病时，所在地县级、乡级人民政府应当按照国务院农业农村主管部门的规定组织防治。

第四十二条 二、三类动物疫病呈暴发性流行时，按照一类动物疫病处理。

第四十三条 疫区内有关单位和个人，应当遵守县级以上人民政府及其农业农村主管部门依法作出的有关控制动物疫病的规定。

任何单位和个人不得藏匿、转移、盗掘已被依法隔离、封存、处理的动物和动物产品。

第四十四条 发生动物疫情时，航空、铁路、道路、水路运输企业应当优先组织运送防疫人员和物资。

第四十五条 国务院农业农村主管部门根据动物疫病的性质、特点和可能造成的社会危害，制定国家重大动物疫情应急预案报国务院批准，并按照不同动物疫病病种、流行特点和危害程度，分别制定实施方案。

县级以上地方人民政府根据上级重大动物疫情应急预案和本地区的实际情况，制定本行政区域的重大动物疫情应急预案，报上一级人民政府农业农村主管部门备案，并抄送上一级人民政府应急管理部门。县级以上地方人民政府农业农村主管部门按照不同动物疫病病种、流行特点和危害程度，分别制定实施方案。

重大动物疫情应急预案和实施方案根据疫情状况及时调整。

第四十六条 发生重大动物疫情时，国务院农业农村主管部门负责划定动物疫病风险区，禁止或者限制特定动物、动物产品由高风险区向低风险区调运。

第四十七条 发生重大动物疫情时，依照法律和国务院的规定以及应急预案采取应急处置措施。

第五章 动物和动物产品的检疫

第四十八条 动物卫生监督机构依照本法和国务院农业农村主管部门的规定对动物、动物产品实施检疫。

动物卫生监督机构的官方兽医具体实施动物、动物产品检疫。

第四十九条 屠宰、出售或者运输动物以及出售或者运输动物产品前，货主应当按照国务院农业农村主管部门的规定向所在地动物卫生监督机构申报检疫。

动物卫生监督机构接到检疫申报后，应当及时指派官方兽医对动物、动物产品实施检疫；检疫合格的，出具检疫证明、加施检疫标志。实施检疫的官方兽医应当在检疫证明、检疫标志上签字或者盖章，并对检疫结论负责。

动物饲养场、屠宰企业的执业兽医或者动物防疫技术人员，应当协助官方兽医实施检疫。

第五十条 因科研、药用、展示等特殊情形需要非食用性利用的野生动物，应当按照国家有关规定报动物卫生监督机构检疫，检疫合格的，方可利用。

人工捕获的野生动物，应当按照国家有关规定报捕获地动物卫生监督机构检疫，检疫合格的，方可饲养、经营和运输。

国务院农业农村主管部门会同国务院野生动物保护主管部门制定野生动物检疫办法。

第五十一条 屠宰、经营、运输的动物，以及用于科研、展示、演出和比赛等非食用性利用的动物，应当附有检疫证明；经营和运输的动物产品，应当附有检疫证明、检疫标志。

第五十二条 经航空、铁路、道路、水路运输动物和动物产品的，托运人托运时应当提供检疫证明；没有检疫证明的，承运人不得承运。

进出口动物和动物产品，承运人凭进口报关单证或者海关签发的检疫单证运递。

从事动物运输的单位、个人以及车辆，应当向所在地县级人民政府农业农村主管部门备案，妥善保存行程路线和托运人提供的动物名称、检疫证明编号、数量等信息。具体办法由国务院农业农村主管部门制定。

运载工具在装载前和卸载后应当及时清洗、消毒。

第五十三条　省、自治区、直辖市人民政府确定并公布道路运输的动物进入本行政区域的指定通道，设置引导标志。跨省、自治区、直辖市通过道路运输动物的，应当经省、自治区、直辖市人民政府设立的指定通道入省境或者过省境。

第五十四条　输入到无规定动物疫病区的动物、动物产品，货主应当按照国务院农业农村主管部门的规定向无规定动物疫病区所在地动物卫生监督机构申报检疫，经检疫合格的，方可进入。

第五十五条　跨省、自治区、直辖市引进的种用、乳用动物到达输入地后，货主应当按照国务院农业农村主管部门的规定对引进的种用、乳用动物进行隔离观察。

第五十六条　经检疫不合格的动物、动物产品，货主应当在农业农村主管部门的监督下按照国家有关规定处理，处理费用由货主承担。

第六章　病死动物和病害动物产品的无害化处理

第五十七条　从事动物饲养、屠宰、经营、隔离以及动物产品生产、经营、加工、贮藏等活动的单位和个人，应当按照国家有关规定做好病死动物、病害动物产品的无害化处理，或者委托动物和动物产品无害化处理场所处理。

从事动物、动物产品运输的单位和个人，应当配合做好病死动物和病害动物产品的无害化处理，不得在途中擅自弃置和处理有关动物和动物产品。

任何单位和个人不得买卖、加工、随意弃置病死动物和病害动物产品。

动物和动物产品无害化处理管理办法由国务院农业农村、野生动物保护主管部门按照职责制定。

第五十八条 在江河、湖泊、水库等水域发现的死亡畜禽，由所在地县级人民政府组织收集、处理并溯源。

在城市公共场所和乡村发现的死亡畜禽，由所在地街道办事处、乡级人民政府组织收集、处理并溯源。

在野外环境发现的死亡野生动物，由所在地野生动物保护主管部门收集、处理。

第五十九条 省、自治区、直辖市人民政府制定动物和动物产品集中无害化处理场所建设规划，建立政府主导、市场运作的无害化处理机制。

第六十条 各级财政对病死动物无害化处理提供补助。具体补助标准和办法由县级以上人民政府财政部门会同本级人民政府农业农村、野生动物保护等有关部门制定。

第七章　动物诊疗

第六十一条 从事动物诊疗活动的机构，应当具备下列条件：

（一）有与动物诊疗活动相适应并符合动物防疫条件的场所；

（二）有与动物诊疗活动相适应的执业兽医；

（三）有与动物诊疗活动相适应的兽医器械和设备；

（四）有完善的管理制度。

动物诊疗机构包括动物医院、动物诊所以及其他提供动物诊疗服务的机构。

第六十二条 从事动物诊疗活动的机构，应当向县级以上地方人民政府农业农村主管部门申请动物诊疗许可证。受理申请的农业农村主管部门应当依照本法和《中华人民共和国行政许可法》的规定进行审查。经审查合格的，发给动物诊疗许可证；不合格的，应当通知申请人并说明理由。

第六十三条　动物诊疗许可证应当载明诊疗机构名称、诊疗活动范围、从业地点和法定代表人（负责人）等事项。

动物诊疗许可证载明事项变更的，应当申请变更或者换发动物诊疗许可证。

第六十四条　动物诊疗机构应当按照国务院农业农村主管部门的规定，做好诊疗活动中的卫生安全防护、消毒、隔离和诊疗废弃物处置等工作。

第六十五条　从事动物诊疗活动，应当遵守有关动物诊疗的操作技术规范，使用符合规定的兽药和兽医器械。

兽药和兽医器械的管理办法由国务院规定。

第八章　兽医管理

第六十六条　国家实行官方兽医任命制度。

官方兽医应当具备国务院农业农村主管部门规定的条件，由省、自治区、直辖市人民政府农业农村主管部门按照程序确认，由所在地县级以上人民政府农业农村主管部门任命。具体办法由国务院农业农村主管部门制定。

海关的官方兽医应当具备规定的条件，由海关总署任命。具体办法由海关总署会同国务院农业农村主管部门制定。

第六十七条　官方兽医依法履行动物、动物产品检疫职责，任何单位和个人不得拒绝或者阻碍。

第六十八条县级以上人民政府农业农村主管部门制定官方兽医培训计划，提供培训条件，定期对官方兽医进行培训和考核。

第六十九条　国家实行执业兽医资格考试制度。具有兽医相关专业大学专科以上学历的人员或者符合条件的乡村兽医，通过执业兽医资格考试的，由省、自治区、直辖市人民政府农业农村主管部门颁发执业兽医资格证书；从事动物诊疗等经营活动的，还应当向所在地县级人民政府农业农村主管部门备案。

执业兽医资格考试办法由国务院农业农村主管部门商国务院人力资源主管部门制定。

第七十条　执业兽医开具兽医处方应当亲自诊断，并对诊断结论负责。

国家鼓励执业兽医接受继续教育。执业兽医所在机构应当支持执业兽医参加继续教育。

第七十一条　乡村兽医可以在乡村从事动物诊疗活动。具体管理办法由国务院农业农村主管部门制定。

第七十二条　执业兽医、乡村兽医应当按照所在地人民政府和农业农村主管部门的要求，参加动物疫病预防、控制和动物疫情扑灭等活动。

第七十三条　兽医行业协会提供兽医信息、技术、培训等服务，维护成员合法权益，按照章程建立健全行业规范和奖惩机制，加强行业自律，推动行业诚信建设，宣传动物防疫和兽医知识。

第九章　监督管理

第七十四条　县级以上地方人民政府农业农村主管部门依照本法规定，对动物饲养、屠宰、经营、隔离、运输以及动物产品生产、经营、加工、贮藏、运输等活动中的动物防疫实施监督管理。

第七十五条　为控制动物疫病，县级人民政府农业农村主管部门应当派人在所在地依法设立的现有检查站执行监督检查任务；必要时，经省、自治区、直辖市人民政府批准，可以设立临时性的动物防疫检查站，执行监督检查任务。

第七十六条　县级以上地方人民政府农业农村主管部门执行监督检查任务，可以采取下列措施，有关单位和个人不得拒绝或者阻碍：

（一）对动物、动物产品按照规定采样、留验、抽检；

（二）对染疫或者疑似染疫的动物、动物产品及相关物品进行隔离、查封、扣押和处理；

（三）对依法应当检疫而未经检疫的动物和动物产品，具备补检条件的实施补检，不具备补检条件的予以收缴销毁；

（四）查验检疫证明、检疫标志和畜禽标识；

（五）进入有关场所调查取证，查阅、复制与动物防疫有关的资料。

县级以上地方人民政府农业农村主管部门根据动物疫病预防、控制需要，经所在地县级以上地方人民政府批准，可以在车站、港口、机场等相关场所派驻官方兽医或者工作人员。

第七十七条 执法人员执行动物防疫监督检查任务，应当出示行政执法证件，佩戴统一标志。

县级以上人民政府农业农村主管部门及其工作人员不得从事与动物防疫有关的经营性活动，进行监督检查不得收取任何费用。

第七十八条 禁止转让、伪造或者变造检疫证明、检疫标志或者畜禽标识。

禁止持有、使用伪造或者变造的检疫证明、检疫标志或者畜禽标识。

检疫证明、检疫标志的管理办法由国务院农业农村主管部门制定。

第十章 保障措施

第七十九条 县级以上人民政府应当将动物防疫工作纳入本级国民经济和社会发展规划及年度计划。

第八十条 国家鼓励和支持动物防疫领域新技术、新设备、新产品等科学技术研究开发。

第八十一条 县级人民政府应当为动物卫生监督机构配备与动物、动物产品检疫工作相适应的官方兽医，保障检疫工作条件。

县级人民政府农业农村主管部门可以根据动物防疫工作需要，向乡、镇或者特定区域派驻兽医机构或者工作人员。

第八十二条　国家鼓励和支持执业兽医、乡村兽医和动物诊疗机构开展动物防疫和疫病诊疗活动；鼓励养殖企业、兽药及饲料生产企业组建动物防疫服务团队，提供防疫服务。地方人民政府组织村级防疫员参加动物疫病防治工作的，应当保障村级防疫员合理劳务报酬。

第八十三条　县级以上人民政府按照本级政府职责，将动物疫病的监测、预防、控制、净化、消灭，动物、动物产品的检疫和病死动物的无害化处理，以及监督管理所需经费纳入本级预算。

第八十四条　县级以上人民政府应当储备动物疫情应急处置所需的防疫物资。

第八十五条　对在动物疫病预防、控制、净化、消灭过程中强制扑杀的动物、销毁的动物产品和相关物品，县级以上人民政府给予补偿。具体补偿标准和办法由国务院财政部门会同有关部门制定。

第八十六条　对从事动物疫病预防、检疫、监督检查、现场处理疫情以及在工作中接触动物疫病病原体的人员，有关单位按照国家规定，采取有效的卫生防护、医疗保健措施，给予畜牧兽医医疗卫生津贴等相关待遇。

第十一章　法律责任

第八十七条　地方各级人民政府及其工作人员未依照本法规定履行职责的，对直接负责的主管人员和其他直接责任人员依法给予处分。

第八十八条　县级以上人民政府农业农村主管部门及其工作人员违反本法规定，有下列行为之一的，由本级人民政府责令改正，通报批评；对直接负责的主管人员和其他直接责任人员依法给予处分：

（一）未及时采取预防、控制、扑灭等措施的；

（二）对不符合条件的颁发动物防疫条件合格证、动物诊疗许可证，或者对符合条件的拒不颁发动物防疫条件合格证、动物诊疗许可证的；

（三）从事与动物防疫有关的经营性活动，或者违法收取费用的；

（四）其他未依照本法规定履行职责的行为。

第八十九条 动物卫生监督机构及其工作人员违反本法规定，有下列行为之一的，由本级人民政府或者农业农村主管部门责令改正，通报批评；对直接负责的主管人员和其他直接责任人员依法给予处分：

（一）对未经检疫或者检疫不合格的动物、动物产品出具检疫证明、加施检疫标志，或者对检疫合格的动物、动物产品拒不出具检疫证明、加施检疫标志的；

（二）对附有检疫证明、检疫标志的动物、动物产品重复检疫的；

（三）从事与动物防疫有关的经营性活动，或者违法收取费用的；

（四）其他未依照本法规定履行职责的行为。

第九十条 动物疫病预防控制机构及其工作人员违反本法规定，有下列行为之一的，由本级人民政府或者农业农村主管部门责令改正，通报批评；对直接负责的主管人员和其他直接责任人员依法给予处分：

（一）未履行动物疫病监测、检测、评估职责或者伪造监测、检测、评估结果的；

（二）发生动物疫情时未及时进行诊断、调查的；

（三）接到染疫或者疑似染疫报告后，未及时按照国家规定采取措施、上报的；

（四）其他未依照本法规定履行职责的行为。

第九十一条 地方各级人民政府、有关部门及其工作人员瞒报、谎报、迟报、漏报或者授意他人瞒报、谎报、迟报动物疫情，或者阻碍他人报告动物疫情的，由上级人民政府或者有关部门责令改正，通报批评；对直接负责的主管人员和其他直接责任人员依法给予处分。

第九十二条 违反本法规定，有下列行为之一的，由县级以上地方人民政府农业农村主管部门责令限期改正，可以处一千元以下罚款；逾期不改正的，处一千元以上五千元以下罚款，由县级以上地方人民政府农业农村主管部门委托动物诊疗机构、无害化处理场所等代为处理，所需费用由违法行为人承担：

（一）对饲养的动物未按照动物疫病强制免疫计划或者免疫技术规范实施免疫接种的；

（二）对饲养的种用、乳用动物未按照国务院农业农村主管部门的要求定期开展疫病检测，或者经检测不合格而未按照规定处理的；

（三）对饲养的犬只未按照规定定期进行狂犬病免疫接种的；

（四）动物、动物产品的运载工具在装载前和卸载后未按照规定及时清洗、消毒的。

第九十三条 违反本法规定，对经强制免疫的动物未按照规定建立免疫档案，或者未按照规定加施畜禽标识的，依照《中华人民共和国畜牧法》的有关规定处罚。

第九十四条 违反本法规定，动物、动物产品的运载工具、垫料、包装物、容器等不符合国务院农业农村主管部门规定的动物防疫要求的，由县级以上地方人民政府农业农村主管部门责令改正，可以处五千元以下罚款；情节严重的，处五千元以上五万元以下罚款。

第九十五条 违反本法规定，对染疫动物及其排泄物、染疫动物产品或者被染疫动物、动物产品污染的运载工具、垫料、包装物、容器等未按照规定处置的，由县级以上地方人民政府农业农村主管部门责令限期处理；逾期不处理的，由县级以上地方人民政府农业农村主管部门委托有关单位代为处理，所需费用由违法行为人承担，处五千元以上五万元以下罚款。

造成环境污染或者生态破坏的，依照环境保护有关法律法规进行处罚。

第九十六条 违反本法规定，患有人畜共患传染病的人员，直接从事动物疫病监测、检测、检验检疫，动物诊疗以及易感染动物的饲养、屠宰、经营、隔离、运输等活动的，由县级以上地方人民政府农业农村或者野生动物保护主管部门责令改正；拒不改正的，处一千元以上一万元以下罚款；情节严重的，处一万元以上五万元以下罚款。

第九十七条 违反本法第二十九条规定，屠宰、经营、运输动物或者生产、经营、加工、贮藏、运输动物产品的，由县级以上地方人民政府农业农村主管部门责令改正、采取补救措施，没收违法所得、动物和动物产品，并处同类检疫合格动物、动物产品货值金额十五倍以上三十倍以下罚款；同类检疫合格动物、动物产品货值金额不足一万元的，并处五万元以上十五万元以下罚款；其中依法应当检疫而未检疫的，依照本法第一百条的规定处罚。

前款规定的违法行为人及其法定代表人（负责人）、直接负责的主管人员和其他直接责任人员，自处罚决定作出之日起五年内不得从事相关活动；构成犯罪的，终身不得从事屠宰、经营、运输动物或者生产、经营、加工、贮藏、运输动物产品等相关活动。

第九十八条 违反本法规定，有下列行为之一的，由县级以上地方人民政府农业农村主管部门责令改正，处三千元以上三万元以下罚款；情节严重的，责令停业整顿，并处三万元以上十万元以下罚款：

（一）开办动物饲养场和隔离场所、动物屠宰加工场所以及动物和动物产品无害化处理场所，未取得动物防疫条件合格证的；

（二）经营动物、动物产品的集贸市场不具备国务院农业农村主管部门规定的防疫条件的；

（三）未经备案从事动物运输的；

（四）未按照规定保存行程路线和托运人提供的动物名称、检疫证明编号、数量等信息的；

（五）未经检疫合格，向无规定动物疫病区输入动物、动物产品的；

（六）跨省、自治区、直辖市引进种用、乳用动物到达输入地后未按照规定进行隔离观察的；

（七）未按照规定处理或者随意弃置病死动物、病害动物产品的。

第九十九条 动物饲养场和隔离场所、动物屠宰加工场所以及动物和动物产品无害化处理场所，生产经营条件发生变化，不再符合本法第二十四条规定的动物防疫条件继续从事相关活动的，由县级以上地方人民政府农业农村主管部门给予警告，责令限期改正；逾期仍达不到规定条件的，吊销动物防疫条件合格证，并通报市场监督管理部门依法处理。

第一百条　违反本法规定，屠宰、经营、运输的动物未附有检疫证明，经营和运输的动物产品未附有检疫证明、检疫标志的，由县级以上地方人民政府农业农村主管部门责令改正，处同类检疫合格动物、动物产品货值金额一倍以下罚款；对货主以外的承运人处运输费用三倍以上五倍以下罚款，情节严重的，处五倍以上十倍以下罚款。

违反本法规定，用于科研、展示、演出和比赛等非食用性利用的动物未附有检疫证明的，由县级以上地方人民政府农业农村主管部门责令改正，处三千元以上一万元以下罚款。

第一百零一条　违反本法规定，将禁止或者限制调运的特定动物、动物产品由动物疫病高风险区调入低风险区的，由县级以上地方人民政府农业农村主管部门没收运输费用、违法运输的动物和动物产品，并处运输费用一倍以上五倍以下罚款。

第一百零二条　违反本法规定，通过道路跨省、自治区、直辖市运输动物，未经省、自治区、直辖市人民政府设立的指定通道入省境或者过省境的，由县级以上地方人民政府农业农村主管部门对运输人处五千元以上一万元以下罚款；情节严重的，处一万元以上五万元以下罚款。

第一百零三条　违反本法规定，转让、伪造或者变造检疫证明、检疫标志或者畜禽标识的，由县级以上地方人民政府农业农村主管部门没收违法所得和检疫证明、检疫标志、畜禽标识，并处五千元以上五万元以下罚款。

持有、使用伪造或者变造的检疫证明、检疫标志或者畜禽标识的，由县级以上人民政府农业农村主管部门没收检疫证明、检疫标志、畜禽标识和对应的动物、动物产品，并处三千元以上三万元以下罚款。

第一百零四条　违反本法规定，有下列行为之一的，由县级以上地方人民政府农业农村主管部门责令改正，处三千元以上三万元以下罚款：

（一）擅自发布动物疫情的；

（二）不遵守县级以上人民政府及其农业农村主管部门依法作出的有关控制动物疫病规定的；

（三）藏匿、转移、盗掘已被依法隔离、封存、处理的动物和动物产品的。

第一百零五条　违反本法规定，未取得动物诊疗许可证从事动物诊疗活动的，由县级以上地方人民政府农业农村主管部门责令停止诊疗活动，没收违法所得，并处违法所得一倍以上三倍以下罚款；违法所得不足三万元的，并处三千元以上三万元以下罚款。

动物诊疗机构违反本法规定，未按照规定实施卫生安全防护、消毒、隔离和处置诊疗废弃物的，由县级以上地方人民政府农业农村主管部门责令改正，处一千元以上一万元以下罚款；造成动物疫病扩散的，处一万元以上五万元以下罚款；情节严重的，吊销动物诊疗许可证。

第一百零六条　违反本法规定，未经执业兽医备案从事经营性动物诊疗活动的，由县级以上地方人民政府农业农村主管部门责令停止动物诊疗活动，没收违法所得，并处三千元以上三万元以下罚款；对其所在的动物诊疗机构处一万元以上五万元以下罚款。

执业兽医有下列行为之一的，由县级以上地方人民政府农业农村主管部门给予警告，责令暂停六个月以上一年以下动物诊疗活动；情节严重的，吊销执业兽医资格证书：

（一）违反有关动物诊疗的操作技术规范，造成或者可能造成动物疫病传播、流行的；

（二）使用不符合规定的兽药和兽医器械的；

（三）未按照当地人民政府或者农业农村主管部门要求参加动物疫

病预防、控制和动物疫情扑灭活动的。

第一百零七条 违反本法规定，生产经营兽医器械，产品质量不符合要求的，由县级以上地方人民政府农业农村主管部门责令限期整改；情节严重的，责令停业整顿，并处二万元以上十万元以下罚款。

第一百零八条 违反本法规定，从事动物疫病研究、诊疗和动物饲养、屠宰、经营、隔离、运输，以及动物产品生产、经营、加工、贮藏、无害化处理等活动的单位和个人，有下列行为之一的，由县级以上地方人民政府农业农村主管部门责令改正，可以处一万元以下罚款；拒不改正的，处一万元以上五万元以下罚款，并可以责令停业整顿：

（一）发现动物染疫、疑似染疫未报告，或者未采取隔离等控制措施的；

（二）不如实提供与动物防疫有关的资料的；

（三）拒绝或者阻碍农业农村主管部门进行监督检查的；

（四）拒绝或者阻碍动物疫病预防控制机构进行动物疫病监测、检测、评估的；

（五）拒绝或者阻碍官方兽医依法履行职责的。

第一百零九条 违反本法规定，造成人畜共患传染病传播、流行的，依法从重给予处分、处罚。

违反本法规定，构成违反治安管理行为的，依法给予治安管理处罚；构成犯罪的，依法追究刑事责任。

违反本法规定，给他人人身、财产造成损害的，依法承担民事责任。

第十二章　附则

第一百一十条 本法下列用语的含义：

（一）无规定动物疫病区，是指具有天然屏障或者采取人工措施，在一定期限内没有发生规定的一种或者几种动物疫病，并经验收合格的区域；

（二）无规定动物疫病生物安全隔离区，是指处于同一生物安全管理体系下，在一定期限内没有发生规定的一种或者几种动物疫病的若干动物饲养场及其辅助生产场所构成的，并经验收合格的特定小型区域；

（三）病死动物，是指染疫死亡、因病死亡、死因不明或者经检验检疫可能危害人体或者动物健康的死亡动物；

（四）病害动物产品，是指来源于病死动物的产品，或者经检验检疫可能危害人体或者动物健康的动物产品。

第一百一十一条 境外无规定动物疫病区和无规定动物疫病生物安全隔离区的无疫等效性评估，参照本法有关规定执行。

第一百一十二条 实验动物防疫有特殊要求的，按照实验动物管理的有关规定执行。

第一百一十三条 本法自 2021 年 5 月 1 日起施行。

中华人民共和国农业农村部令

2022 年第 8 号

《动物防疫条件审查办法》已于 2022 年 8 月 22 日经农业农村部第 9 次常务会议审议通过，现予公布，自 2022 年 12 月 1 日起施行。

部长　唐仁健

2022 年 9 月 7 日

动物防疫条件审查办法

第一章　总则

第一条　为了规范动物防疫条件审查，有效预防、控制、净化、消灭动物疫病，防控人畜共患传染病，保障公共卫生安全和人体健康，根据《中华人民共和国动物防疫法》，制定本办法。

第二条　动物饲养场、动物隔离场所、动物屠宰加工场所以及动物和动物产品无害化处理场所，应当符合本办法规定的动物防疫条件，并取得动物防疫条件合格证。

经营动物和动物产品的集贸市场应当符合本办法规定的动物防疫条件。

第三条　农业农村部主管全国动物防疫条件审查和监督管理工作。

县级以上地方人民政府农业农村主管部门负责本行政区域内的动物防疫条件审查和监督管理工作。

第四条　动物防疫条件审查应当遵循公开、公平、公正、便民的原则。

第五条　农业农村部加强信息化建设，建立动物防疫条件审查信息管理系统。

第二章　动物防疫条件

第六条　动物饲养场、动物隔离场所、动物屠宰加工场所以及动物和动物产品无害化处理场所应当符合下列条件：

（一）各场所之间，各场所与动物诊疗场所、居民生活区、生活饮用水水源地、学校、医院等公共场所之间保持必要的距离；

（二）场区周围建有围墙等隔离设施；场区出入口处设置运输车辆消毒通道或者消毒池，并单独设置人员消毒通道；生产经营区与生活办公区分开，并有隔离设施；生产经营区入口处设置人员更衣消毒室；

（三）配备与其生产经营规模相适应的执业兽医或者动物防疫技术人员；

（四）配备与其生产经营规模相适应的污水、污物处理设施，清洗消毒设施设备，以及必要的防鼠、防鸟、防虫设施设备；

（五）建立隔离消毒、购销台账、日常巡查等动物防疫制度。

第七条　动物饲养场除符合本办法第六条规定外，还应当符合下列条件：

（一）设置配备疫苗冷藏冷冻设备、消毒和诊疗等防疫设备的兽医室；

（二）生产区清洁道、污染道分设；具有相对独立的动物隔离舍；

（三）配备符合国家规定的病死动物和病害动物产品无害化处理设施设备或者冷藏冷冻等暂存设施设备；

（四）建立免疫、用药、检疫申报、疫情报告、无害化处理、畜禽标识及养殖档案管理等动物防疫制度。

禽类饲养场内的孵化间与养殖区之间应当设置隔离设施，并配备种蛋熏蒸消毒设施，孵化间的流程应当单向，不得交叉或者回流。

种畜禽场除符合本条第一款、第二款规定外，还应当有国家规定的动物疫病的净化制度；有动物精液、卵、胚胎采集等生产需要的，应当设置独立的区域。

第八条　动物隔离场所除符合本办法第六条规定外，还应当符合下列条件：

（一）饲养区内设置配备疫苗冷藏冷冻设备、消毒和诊疗等防疫设备的兽医室；

（二）饲养区内清洁道、污染道分设；

（三）配备符合国家规定的病死动物和病害动物产品无害化处理设施设备或者冷藏冷冻等暂存设施设备；

（四）建立动物进出登记、免疫、用药、疫情报告、无害化处理等动物防疫制度。

第九条 动物屠宰加工场所除符合本办法第六条规定外，还应当符合下列条件：

（一）入场动物卸载区域有固定的车辆消毒场地，并配备车辆清洗消毒设备；

（二）有与其屠宰规模相适应的独立检疫室和休息室；有待宰圈、急宰间，加工原毛、生皮、蹄、骨、角的，还应当设置封闭式熏蒸消毒间；

（三）屠宰间配备检疫操作台；

（四）有符合国家规定的病死动物和病害动物产品无害化处理设施设备或者冷藏冷冻等暂存设施设备；

（五）建立动物进场查验登记、动物产品出场登记、检疫申报、疫情报告、无害化处理等动物防疫制度。

第十条 动物和动物产品无害化处理场所除符合本办法第六条规定外，还应当符合下列条件：

（一）无害化处理区内设置无害化处理间、冷库；

（二）配备与其处理规模相适应的病死动物和病害动物产品的无害化处理设施设备，符合农业农村部规定条件的专用运输车辆，以及相关病原检测设备，或者委托有资质的单位开展检测；

（三）建立病死动物和病害动物产品入场登记、无害化处理记录、病原检测、处理产物流向登记、人员防护等动物防疫制度。

第十一条 经营动物和动物产品的集贸市场应当符合下列条件：

（一）场内设管理区、交易区和废弃物处理区，且各区相对独立；

（二）动物交易区与动物产品交易区相对隔离，动物交易区内不同种类动物交易场所相对独立；

（三）配备与其经营规模相适应的污水、污物处理设施和清洗消毒设施设备；

（四）建立定期休市、清洗消毒等动物防疫制度。

经营动物的集贸市场，除符合前款规定外，周围应当建有隔离设施，运输动物车辆出入口处设置消毒通道或者消毒池。

第十二条 活禽交易市场除符合本办法第十一条规定外，还应当符合下列条件：

（一）活禽销售应单独分区，有独立出入口；市场内水禽与其他家禽应相对隔离；活禽宰杀间应相对封闭，宰杀间、销售区域、消费者之间应实施物理隔离；

（二）配备通风、无害化处理等设施设备，设置排污通道；

（三）建立日常监测、从业人员卫生防护、突发事件应急处置等动物防疫制度。

第三章 审查发证

第十三条 开办动物饲养场、动物隔离场所、动物屠宰加工场所以及动物和动物产品无害化处理场所，应当向县级人民政府农业农村主管部门提交选址需求。

县级人民政府农业农村主管部门依据评估办法，攫合场所周边的天然屏障、人工屏障、饲养环境、动物分布等情况，以及动物疫病发生、流行和控制等因素，实施综合评估，确定本办法第六条第一项要求的距离，确认选址。

前款规定的评估办法由省级人民政府农业农村主管部门依据《中华人民共和国畜牧法》《中华人民共和国动物防疫法》等法律法规和本办法制定。

第十四条 本办法第十三条规定的场所建设竣工后，应当向所在地县级人民政府农业农村主管部门提出申请，并提交以下材料：

（一）《动物防疫条件审查申请表》；

（二）场所地理位置图、各功能区布局平面图；

（三）设施设备清单；

（四）管理制度文本；

（五）人员信息。

申请材料不齐全或者不符合规定条件的，县级人民政府农业农村主管部门应当自收到申请材料之日起五个工作日内，一次性告知申请人需补正的内容。

第十五条 县级人民政府农业农村主管部门应当自受理申请之日起十五个工作日内完成材料审核，并攥合选址综合评估攥果完成现场核查，审查合格的，颁发动物防疫条件合格证；审查不合格的，应当书面通知申请人，并说明理由。

第十六条 动物防疫条件合格证应当载明申请人的名称（姓名）、场（厂）址、动物（动物产品）种类等事项，具体格式由农业农村部规定。

第四章　监督管理

第十七条 患有人畜共患传染病的人员不得在本办法第二条所列场所直接从事动物疫病检测、检验、协助检疫、诊疗以及易感染动物的饲养、屠宰、经营、隔离等活动。

第十八条 县级以上地方人民政府农业农村主管部门依照《中华人民共和国动物防疫法》和本办法以及有关法律、法规的规定，对本办法第二条所列场所的动物防疫条件实施监督检查，有关单位和个人应当予以配合，不得拒绝和阻碍。

第十九条 推行动物饲养场分级管理制度，根据规模、设施设备状况、管理水平、生物安全风险等因素采取差异化监管措施。

第二十条 取得动物防疫条件合格证后，变更场址或者经营范围的，应当重新申请办理，同时交回原动物防疫条件合格证，由原发证机关予以注销。

变更布局、设施设备和制度，可能引起动物防疫条件发生变化的，应当提前三十日向原发证机关报告。发证机关应当在十五日内完成审查，并将审查攥果通知申请人。

变更单位名称或者法定代表人（负责人）的，应当在变更后十五日内持有效证明申请变更动物防疫条件合格证。

第二十一条　动物饲养场、动物隔离场所、动物屠宰加工场所以及动物和动物产品无害化处理场所，应当在每年三月底前将上一年的动物防疫条件情况和防疫制度执行情况向县级人民政府农业农村主管部门报告。

第二十二条　禁止转让、伪造或者变造动物防疫条件合格证。

第二十三条　动物防疫条件合格证丢失或者损毁的，应当在十五日内向原发证机关申请补发。

第五章　法律责任

第二十四条　违反本办法规定，有下列行为之一的，依照《中华人民共和国动物防疫法》第九十八条的规定予以处罚：

（一）动物饲养场、动物隔离场所、动物屠宰加工场所以及动物和动物产品无害化处理场所变更场所地址或者经营范围，未按规定重新办理动物防疫条件合格证的；

（二）经营动物和动物产品的集贸市场不符合本办法第十一条、第十二条动物防疫条件的。

第二十五条　违反本办法规定，动物饲养场、动物隔离场所、动物屠宰加工场所以及动物和动物产品无害化处理场所未经审查变更布局、设施设备和制度，不再符合规定的动物防疫条件继续从事相关活动的，依照《中华人民共和国动物防疫法》第九十九条的规定予以处罚。

第二十六条　违反本办法规定，动物饲养场、动物隔离场所、动物屠宰加工场所以及动物和动物产品无害化处理场所变更单位名称或者法定代表人（负责人）未办理变更手续的，由县级以上地方人民政府农业农村主管部门责令限期改正；逾期不改正的，处一千元以上五千元以下罚款。

第二十七条　违反本办法规定，动物饲养场、动物隔离场所、动物屠宰加工场所以及动物和动物产品无害化处理场所未按规定报告动物防疫条件情况和防疫制度执行情况的，依照《中华人民共和国动物防疫法》第一百零八条的规定予以处罚。

第二十八条　违反本办法规定，涉嫌犯罪的，依法移送司法机关追究刑事责任。

第六章　附则

第二十九条　本办法所称动物饲养场是指《中华人民共和国畜牧法》规定的畜禽养殖场。

本办法所称经营动物和动物产品的集贸市场，是指经营畜禽或者专门经营畜禽产品，并取得营业执照的集贸市场。

动物饲养场内自用的隔离舍，参照本办法第八条规定执行，不再另行办理动物防疫条件合格证。

动物饲养场、隔离场所、屠宰加工场所内的无害化处理区域，参照本办法第十条规定执行，不再另行办理动物防疫条件合格证。

第三十条　本办法自 2022 年 12 月 1 日起施行。农业部 2010 年 1 月 21 日公布的《动物防疫条件审查办法》同时废止。

本办法施行前已取得动物防疫条件合格证的各类场所，应当自本办法实施之日起一年内达到本办法规定的条件。

中华人民共和国农业农村部公告

第 571 号

根据《中华人民共和国动物防疫法》有关规定，我部对原《人畜共患传染病名录》进行了修订，现予发布，自发布之日起施行。2009年发布的农业部第 1149 号公告同时废止。

附件：人畜共患传染病名录

农业农村部

2022 年 6 月 23 日

附件：

人畜共患传染病名录

牛海绵状脑病、高致病性禽流感、狂犬病、炭疽、布鲁氏菌病、弓形虫病、棘球蚴病、钩端螺旋体病、沙门氏菌病、牛结核病、日本血吸虫病、日本脑炎（流行性乙型脑炎）、猪链球菌Ⅱ型感染、旋毛虫病、囊尾蚴病、马鼻疽、李氏杆菌病、类鼻疽、片形吸虫病、鹦鹉热、Q 热、利什曼原虫病、尼帕病毒性脑炎、华支睾吸虫病

中华人民共和国农业农村部令

2022 年第 3 号

《病死畜禽和病害畜禽产品无害化处理管理办法》已经农业农村部 2022 年 4 月 22 日第 4 次常务会议审议通过，现予公布，自 2022 年 7 月 1 日起施行。

部长　唐仁健

2022 年 5 月 11 日

病死畜禽和病害畜禽产品无害化处理管理办法

第一章 总则

第一条 为了加强病死畜禽和病害畜禽产品无害化处理管理，防控动物疫病，促进畜牧业高质量发展，保障公共卫生安全和人体健康，根据《中华人民共和国动物防疫法》（以下简称《动物防疫法》），制定本办法。

第二条 本办法适用于畜禽饲养、屠宰、经营、隔离、运输等过程中病死畜禽和病害畜禽产品的收集、无害化处理及其监督管理活动。

发生重大动物疫情时，应当根据动物疫病防控要求开展病死畜禽和病害畜禽产品无害化处理。

第三条 下列畜禽和畜禽产品应当进行无害化处理：

（一）染疫或者疑似染疫死亡、因病死亡或者死因不明的；

（二）经检疫、检验可能危害人体或者动物健康的；

（三）因自然灾害、应激反应、物理挤压等因素死亡的；

（四）屠宰过程中经肉品品质检验确认为不可食用的；

（五）死胎、木乃伊胎等；

（六）因动物疫病防控需要被扑杀或销毁的；

（七）其他应当进行无害化处理的。

第四条 病死畜禽和病害畜禽产品无害化处理坚持统筹规划与属地负责相结合、政府监管与市场运作相结合、财政补助与保险联动相结合、集中处理与自行处理相结合的原则。

第五条 从事畜禽饲养、屠宰、经营、隔离等活动的单位和个人，应当承担主体责任，按照本办法对病死畜禽和病害畜禽产品进行无害化处理，或者委托病死畜禽无害化处理场处理。

运输过程中发生畜禽死亡或者因检疫不合格需要进行无害化处理的，承运人应当立即通知货主，配合做好无害化处理，不得擅自弃置和处理。

第六条　在江河、湖泊、水库等水域发现的死亡畜禽，依法由所在地县级人民政府组织收集、处理并溯源。

在城市公共场所和乡村发现的死亡畜禽，依法由所在地街道办事处、乡级人民政府组织收集、处理并溯源。

第七条　病死畜禽和病害畜禽产品收集、无害化处理、资源化利用应当符合农业农村部相关技术规范，并采取必要的防疫措施，防止传播动物疫病。

第八条　农业农村部主管全国病死畜禽和病害畜禽产品无害化处理工作。

县级以上地方人民政府农业农村主管部门负责本行政区域病死畜禽和病害畜禽产品无害化处理的监督管理工作。

第九条　省级人民政府农业农村主管部门结合本行政区域畜牧业发展规划和畜禽养殖、疫病发生、畜禽死亡等情况，编制病死畜禽和病害畜禽产品集中无害化处理场所建设规划，合理布局病死畜禽无害化处理场，经本级人民政府批准后实施，并报农业农村部备案。

鼓励跨县级以上行政区域建设病死畜禽无害化处理场。

第十条　县级以上人民政府农业农村主管部门应当落实病死畜禽无害化处理财政补助政策和农机购置与应用补贴政策，协调有关部门优先保障病死畜禽无害化处理场用地、落实税收优惠政策，推动建立病死畜禽无害化处理和保险联动机制，将病死畜禽无害化处理作为保险理赔的前提条件。

第二章　收集

第十一条　畜禽养殖场、养殖户、屠宰厂（场）、隔离场应当及时对病死畜禽和病害畜禽产品进行贮存和清运。

畜禽养殖场、屠宰厂（场）、隔离场委托病死畜禽无害化处理场处理的，应当符合以下要求：

（一）采取必要的冷藏冷冻、清洗消毒等措施；

（二）具有病死畜禽和病害畜禽产品输出通道；

（三）及时通知病死畜禽无害化处理场进行收集，或自行送至指定地点。

第十二条　病死畜禽和病害畜禽产品集中暂存点应当具备下列条件：

（一）有独立封闭的贮存区域，并且防渗、防漏、防鼠、防盗，易于清洗消毒；

（二）有冷藏冷冻、清洗消毒等设施设备；

（三）设置显著警示标识；

（四）有符合动物防疫需要的其他设施设备。

第十三条　专业从事病死畜禽和病害畜禽产品收集的单位和个人，应当配备专用运输车辆，并向承运人所在地县级人民政府农业农村主管部门备案。备案时应当通过农业农村部指定的信息系统提交车辆所有权人的营业执照、运输车辆行驶证、运输车辆照片。

县级人民政府农业农村主管部门应当核实相关材料信息，备案材料符合要求的，及时予以备案；不符合要求的，应当一次性告知备案人补充相关材料。

第十四条　病死畜禽和病害畜禽产品专用运输车辆应当符合以下要求：

（一）不得运输病死畜禽和病害畜禽产品以外的其他物品；

（二）车厢密闭、防水、防渗、耐腐蚀，易于清洗和消毒；

（三）配备能够接入国家监管监控平台的车辆定位跟踪系统、车载终端；

（四）配备人员防护、清洗消毒等应急防疫用品；

（五）有符合动物防疫需要的其他设施设备。

第十五条　运输病死畜禽和病害畜禽产品的单位和个人，应当遵守下列规定：

（一）及时对车辆、相关工具及作业环境进行消毒；

（二）作业过程中如发生渗漏，应当妥善处理后再继续运输；

（三）做好人员防护和消毒。

第十六条　跨县级以上行政区域运输病死畜禽和病害畜禽产品的，相关区域县级以上地方人民政府农业农村主管部门应当加强协作配合，及时通报紧急情况，落实监管责任。

第三章　无害化处理

第十七条　病死畜禽和病害畜禽产品无害化处理以集中处理为主，自行处理为补充。

病死畜禽无害化处理场的设计处理能力应当高于日常病死畜禽和病害畜禽产品处理量，专用运输车辆数量和运载能力应当与区域内畜禽养殖情况相适应。

第十八条　病死畜禽无害化处理场应当符合省级人民政府病死畜禽和病害畜禽产品集中无害化处理场所建设规划并依法取得动物防疫条件合格证。

第十九条　畜禽养殖场、屠宰厂（场）、隔离场在本场（厂）内自行处理病死畜禽和病害畜禽产品的，应当符合无害化处理场所的动物防疫条件，不得处理本场（厂）外的病死畜禽和病害畜禽

产品。

畜禽养殖场、屠宰厂（场）、隔离场在本场（厂）外自行处理的，应当建设病死畜禽无害化处理场。

第二十条　畜禽养殖场、养殖户、屠宰厂（场）、隔离场委托病死畜禽无害化处理场进行无害化处理的，应当签订委托合同，明确双方的权利、义务。

无害化处理费用由财政进行补助或者由委托方承担。

第二十一条　对于边远和交通不便地区以及畜禽养殖户自行处理零星病死畜禽的，省级人民政府农业农村主管部门可以结合实际情况

和风险评估结果，组织制定相关技术规范。

第二十二条 病死畜禽和病害畜禽产品集中暂存点、病死畜禽无害化处理场应当配备专门人员负责管理。

从事病死畜禽和病害畜禽产品无害化处理的人员，应当具备相关专业技能，掌握必要的安全防护知识。

第二十三条 鼓励在符合国家有关法律法规规定的情况下，对病死畜禽和病害畜禽产品无害化处理产物进行资源化利用。

病死畜禽和病害畜禽产品无害化处理场所销售无害化处理产物的，应当严控无害化处理产物流向，查验购买方资质并留存相关材料，签订销售合同。

第二十四条 病死畜禽和病害畜禽产品无害化处理应当符合安全生产、环境保护等相关法律法规和标准规范要求，接受有关主管部门监管。

病死畜禽无害化处理场处理本办法第三条之外的病死动物和病害动物产品的，应当要求委托方提供无特殊风险物质的证明。

第四章　监督管理

第二十五条 农业农村部建立病死畜禽无害化处理监管监控平台，加强全程追溯管理。

从事畜禽饲养、屠宰、经营、隔离及病死畜禽收集、无害化处理的单位和个人，应当按要求填报信息。

县级以上地方人民政府农业农村主管部门应当做好信息审核，加强数据运用和安全管理。

第二十六条 农业农村部负责组织制定全国病死畜禽和病害畜禽产品无害化处理生物安全风险调查评估方案，对病死畜禽和病害畜禽产品收集、无害化处理生物安全风险因素进行调查评估。

省级人民政府农业农村主管部门应当制定本行政区域病死畜禽和病害畜禽产品无害化处理生物安全风险调查评估方案并组织实施。

第二十七条　根据病死畜禽无害化处理场规模、设施装备状况、管理水平等因素，推行分级管理制度。

第二十八条　病死畜禽和病害畜禽产品无害化处理场所应当建立并严格执行以下制度：

（一）设施设备运行管理制度；

（二）清洗消毒制度；

（三）人员防护制度；

（四）生物安全制度；

（五）安全生产和应急处理制度。

第二十九条　从事畜禽饲养、屠宰、经营、隔离以及病死畜禽和病害畜禽产品收集、无害化处理的单位和个人，应当建立台账，详细记录病死畜禽和病害畜禽产品的种类、数量（重量）、来源、运输车辆、交接人员和交接时间、处理产物销售情况等信息。

病死畜禽和病害畜禽产品无害化处理场所应当安装视频监控设备，对病死畜禽和病害畜禽产品进（出）场、交接、处理和处理产物存放等进行全程监控。

相关台账记录保存期不少于二年，相关监控影像资料保存期不少于三十天。

第三十条　病死畜禽和病害畜禽产品无害化处理场所应当于每年一月底前向所在地县级人民政府农业农村主管部门报告上一年度病死畜禽和病害畜禽产品无害化处理、运输车辆和环境清洗消毒等情况。

第三十一条　县级以上地方人民政府农业农村主管部门执行监督检查任务时，从事病死畜禽和病害畜禽产品收集、无害化处理的单位和个人应当予以配合，不得拒绝或者阻碍。

第三十二条　任何单位和个人对违反本办法规定的行为，有权向县级以上地方人民政府农业农村主管部门举报。接到举报的部门应当及时调查处理。

第五章　法律责任

第三十三条　未按照本办法第十一条、第十二条、第十五条、第十九条、第二十二条规定处理病死畜禽和病害畜禽产品的，按照《动物防疫法》第九十八条规定予以处罚。

第三十四条　畜禽养殖场、屠宰厂（场）、隔离场、病死畜禽无害化处理场未取得动物防疫条件合格证或生产经营条件发生变化，不再符合动物防疫条件继续从事无害化处理活动的，分别按照《动物防疫法》第九十八条、第九十九条处罚。

第三十五条　专业从事病死畜禽和病害畜禽产品运输的车辆，未经备案或者不符合本办法第十四条规定的，分别按照《动物防疫法》第九十八条、第九十四条处罚。

第三十六条　违反本办法第二十八条、第二十九条规定，未建立管理制度、台账或者未进行视频监控的，由县级以上地方人民政府农业农村主管部门责令改正；拒不改正或者情节严重的，处二千元以上二万元以下罚款。

第六章　附则

第三十七条　本办法下列用语的含义：

（一）畜禽，是指《国家畜禽遗传资源目录》范围内的畜禽，不包括用于科学研究、教学、检定以及其他科学实验的畜禽。

（二）隔离场所，是指对跨省、自治区、直辖市引进的乳用种用动物或输入到无规定动物疫病区的相关畜禽进行隔离观察的场所，不包括进出境隔离观察场所。

（三）病死畜禽和病害畜禽产品无害化处理场所，是指病死畜禽无害化处理场以及畜禽养殖场、屠宰厂（场）、隔离场内的无害化处理区域。

第三十八条　病死水产养殖动物和病害水产养殖动物产品的无害

化处理，参照本办法执行。

  第三十九条 本办法自 2022 年 7 月 1 日起施行。

中华人民共和国农业农村部公告

第 573 号

根据《中华人民共和国动物防疫法》有关规定，我部对原《一、二、三类动物疫病病种名录》进行了修订，现予发布，自发布之日起施行。

2008 年发布的中华人民共和国农业部公告第 1125 号、2011 年发布的中华人民共和国农业部公告第 1663 号、2013 年发布的中华人民共和国农业部公告第 1950 号同时废止。

特此公告。

附件：一、二、三类动物疫病病种名录

农业农村部

2022 年 6 月 23 日

附件：

一、二、三类动物疫病病种名录

一类动物疫病（11 种）

口蹄疫、猪水疱病、非洲猪瘟、尼帕病毒性脑炎、非洲马瘟、牛海绵状脑病、牛瘟、牛传染性胸膜肺炎、痒病、小反刍兽疫、高致病性禽流感。

二类动物疫病（37 种）

多种动物共患病（7 种）：狂犬病、布鲁氏菌病、炭疽、蓝舌病、日本脑炎、棘球蚴病、日本血吸虫病。

牛病（3 种）：牛结节性皮肤病、牛传染性鼻气管炎（传染性脓疱外阴阴道炎）、牛结核病。

绵羊和山羊病（2 种）：绵羊痘和山羊痘、山羊传染性胸膜肺炎。

马病（2 种）：马传染性贫血、马鼻疽。

猪病（3 种）：猪瘟、猪繁殖与呼吸综合征、猪流行性腹泻。

禽病（3 种）：新城疫、鸭瘟、小鹅瘟。

兔病（1 种）：兔出血症。

蜜蜂病（2 种）：美洲蜜蜂幼虫腐臭病、欧洲蜜蜂幼虫腐臭病。

鱼类病（11 种）：鲤春病毒血症、草鱼出血病、传染性脾肾坏死病、锦鲤疱疹病毒病、刺激隐核虫病、淡水鱼细菌性败血症、病毒性神经坏死病、传染性造血器官坏死病、流行性溃疡综合征、鲫造血器官坏死病、鲤浮肿病。

甲壳类病（3 种）：白斑综合征、十足目虹彩病毒病、虾肝肠胞虫病

三类动物疫病（126 种）

多种动物共患病（25 种）：伪狂犬病、轮状病毒感染、产气荚膜梭菌病、大肠杆菌病、巴氏杆菌病、沙门氏菌病、李氏杆菌病、链球菌病、溶血性曼氏杆菌病、副结核病、类鼻疽、支原体病、衣原体病、

附红细胞体病、Q 热、钩端螺旋体病、东毕吸虫病、华支睾吸虫病、囊尾蚴病、片形吸虫病、旋毛虫病、血矛线虫病、弓形虫病、伊氏锥虫病、隐孢子虫病。

牛病（10 种）：牛病毒性腹泻、牛恶性卡他热、地方流行性牛白血病、牛流行热、牛冠状病毒感染、牛赤羽病、牛生殖道弯曲杆菌病、毛滴虫病、牛梨形虫病、牛无浆体病。

绵羊和山羊病（7 种）：山羊关节炎/脑炎、梅迪-维斯纳病、绵羊肺腺瘤病、羊传染性脓疱皮炎、干酪性淋巴结炎、羊梨形虫病、羊无浆体病。

马病（8 种）：马流行性淋巴管炎、马流感、马腺疫、马鼻肺炎、马病毒性动脉炎、马传染性子宫炎、马媾疫、马梨形虫病。

猪病（13 种）：猪细小病毒感染、猪丹毒、猪传染性胸膜肺炎、猪波氏菌病、猪圆环病毒病、格拉瑟病、猪传染性胃肠炎、猪流感、猪丁型冠状病毒感染、猪塞内卡病毒感染、仔猪红痢、猪痢疾、猪增生性肠病。

禽病（21 种）：禽传染性喉气管炎、禽传染性支气管炎、禽白血病、传染性法氏囊病、马立克病、禽痘、鸭病毒性肝炎、鸭浆膜炎、鸡球虫病、低致病性禽流感、禽网状内皮组织增殖病、鸡病毒性关节炎、禽传染性脑脊髓炎、鸡传染性鼻炎、禽坦布苏病毒感染、禽腺病毒感染、鸡传染性贫血、禽偏肺病毒感染、鸡红螨病、鸡坏死性肠炎、鸭呼肠孤病毒感染。

兔病（2 种）：兔波氏菌病、兔球虫病。

蚕、蜂病（8 种）：蚕多角体病、蚕白僵病、蚕微粒子病、蜂螨病、瓦螨病、亮热厉螨病、蜜蜂孢子虫病、白垩病。

犬猫等动物病（10 种）：水貂阿留申病、水貂病毒性肠炎、犬瘟热、犬细小病毒病、犬传染性肝炎、猫泛白细胞减少症、猫嵌杯病毒感染、猫传染性腹膜炎、犬巴贝斯虫病、利什曼原虫病。

鱼类病（11 种）：真鲷虹彩病毒病、传染性胰脏坏死病、牙鲆弹状病毒病、鱼爱德华氏菌病、链球菌病、细菌性肾病、杀鲑气单胞菌病、小瓜虫病、粘孢子虫病、三代虫病、指环虫病。

甲壳类病（5种）：黄头病、桃拉综合征、传染性皮下和造血组织坏死病、急性肝胰腺坏死病、河蟹螺原体病。

贝类病（3种）：鲍疱疹病毒病、奥尔森派琴虫病、牡蛎疱疹病毒病。

两栖与爬行类病（3种）：两栖类蛙虹彩病毒病、鳖腮腺炎病、蛙脑膜炎败血症。

农业农村部文件

农医发〔2018〕22号

农业农村部关于做好动物疫情报告等
有关工作的通知

各省、自治区、直辖市及计划单列市畜牧兽医（农牧、农业）厅（局、委、办），新疆生产建设兵团畜牧兽医局，部属有关事业单位，各有关单位：

为规范动物疫情报告、通报和公布工作，加强动物疫情管理，提升动物疫病防控工作水平，根据《中华人民共和国动物防疫法》《重大动物疫情应急条例》等法律法规规定，现将有关事项通知如下。

一、职责分工

我部主管全国动物疫情报告、通报和公布工作。县级以上地方人民政府兽医主管部门主管本行政区域内的动物疫情报告和通报工作。中国动物疫病预防控制中心及县级以上地方人民政府建立的动物疫病预防控制机构，承担动物疫情信息的收集、分析预警和报告工作。中国动物卫生与流行病学中心负责收集境外动物疫情信息，开展动物疫病预警分析工作。国家兽医参考实验室和专业实验室承担相关动物疫病确诊、分析和报告等工作。

二、疫情报告

动物疫情报告实行快报、月报和年报。

（一）快报

有下列情形之一，应当进行快报：

1. 发生口蹄疫、高致病性禽流感、小反刍兽疫等重大动物疫情；

2. 发生新发动物疫病或新传入动物疫病；

3. 无规定动物疫病区、无规定动物疫病小区发生规定动物疫病；

4. 二、三类动物疫病呈暴发流行；

5. 动物疫病的寄主范围、致病性以及病原学特征等发生重大变化；

6. 动物发生不明原因急性发病、大量死亡；

7. 我部规定需要快报的其他情形。

符合快报规定情形，县级动物疫病预防控制机构应当在 2 小时内将情况逐级报至省级动物疫病预防控制机构，并同时报所在地人民政府兽医主管部门。省级动物疫病预防控制机构应当在接到报告后 1 小时内，报本级人民政府兽医主管部门确认后报至中国动物疫病预防控制中心。中国动物疫病预防控制中心应当在接到报告后 1 小时内报至我部兽医局。

快报应当包括基础信息、疫情概况、疫点情况、疫区及受威胁区情况、流行病学信息、控制措施、诊断方法及结果、疫点位置及经纬度、疫情处置进展以及其他需要说明的信息等内容。

进行快报后，县级动物疫病预防控制机构应当每周进行后续报告；疫情被排除或解除封锁、撤销疫区，应当进行最终报告。后续报告和最终报告按快报程序上报。

（二）月报和年报

县级以上地方动物疫病预防控制机构应当每月对本行政区域内动物疫情进行汇总，经同级人民政府兽医主管部门审核后，在次月 5 日前通过动物疫情信息管理系统将上月汇总的动物疫情逐级上报至中国动物疫病预防控制中心。中国动物疫病预防控制中心应当在每月 15 日前将上月汇总分析结果报我部兽医局。中国动物疫病预防控制中心应当于 2 月 15 日前将上年度汇总分析结果报我部兽医局。

月报、年报包括动物种类、疫病名称、疫情县数、疫点数、疫区内易感动物存栏数、发病数、病死数、扑杀与无害化处理数、急宰数、紧急免疫数、治疗数等内容。

三、疫病确诊与疫情认定

疑似发生口蹄疫、高致病性禽流感和小反刍兽疫等重大动物疫情的，由县级动物疫病预防控制机构负责采集或接收病料及其相关样品，并按要求将病料样品送至省级动物疫病预防控制机构。省级动物疫病预防控制机构应当按有关防治技术规范进行诊断，无法确诊的，应当将病料样品送相关国家兽医参考实验室进行确诊；能够确诊的，应当将病料样品送相关国家兽医参考实验室作进一步病原分析和研究。

疑似发生新发动物疫病或新传入动物疫病，动物发生不明原因急性发病、大量死亡，省级动物疫病预防控制机构无法确诊的，送中国动物疫病预防控制中心进行确诊，或者由中国动物疫病预防控制中心组织相关兽医实验室进行确诊。

动物疫情由县级以上人民政府兽医主管部门认定，其中重大动物疫情由省级人民政府兽医主管部门认定。新发动物疫病、新传入动物疫病疫情以及省级人民政府兽医主管部门无法认定的动物疫情，由我部认定。

四、疫情通报与公布

发生口蹄疫、高致病性禽流感、小反刍兽疫、新发动物疫病和新传入动物疫病疫情，我部将及时向国务院有关部门和军队有关部门以及省级人民政府兽医主管部门通报疫情的发生和处理情况；依照我国缔结或参加的条约、协定，向世界动物卫生组织、联合国粮农组织等国际组织及有关贸易方通报动物疫情发生和处理情况。

发生人畜共患传染病疫情，县级以上人民政府兽医主管部门应当按照《中华人民共和国动物防疫法》要求，与同级卫生主管部门及时相互通报。

我部负责向社会公布全国动物疫情，省级人民政府兽医主管部门可以根据我部授权公布本行政区域内的动物疫情。

五、疫情举报和核查

县级以上地方人民政府兽医主管部门应当向社会公布动物疫情举报电话，并由专门机构受理动物疫情举报。我部在中国动物疫病预防控制中心设立重大动物疫情举报电话，负责受理全国重大动物疫情举报。动物疫情举报受理机构接到举报，应及时向举报人核实其基本信息和举报内容，包括举报人真实姓名、联系电话及详细地址，举报的疑似发病动物种类、发病情况和养殖场（户）基本信息等；核实举报信息后，应当及时组织有关单位进行核查和处置；核查处置完成后，有关单位应当及时按要求进行疫情报告并向举报受理部门反馈核查结果。

六、其他要求

中国动物卫生与流行病学中心应当定期将境外动物疫情的汇总分析结果报我部兽医局。国家兽医参考实验室和专业实验室在监测、病原研究等活动中，发现符合快报情形的，应当及时报至中国动物疫病预防控制中心，并抄送样品来源省份的省级动物疫病预防控制机构；国家兽医参考实验室、专业实验室和有关单位应当做好国内外期刊、相关数据库中有关我国动物疫情信息的收集、分析预警，发现符合快报情形的，应当及时报至中国动物疫病预防控制中心。中国动物疫病预防控制中心接到上述报告后，应当在 1 小时内报至我部兽医局。

各地动物疫情报告工作情况将纳入我部重大动物疫病防控工作延伸绩效考核。各地也应将动物疫情报告工作情况作为对市县兽医部门考核的重要内容，加强考核。

自本通知印发之日起，我部于 1999 年 10 月发布的《动物疫情报告管理办法》（农牧发〔1999〕18 号）同时废止。我部此前对动物疫情报告、通报和公布工作规定与本通知要求不一致的，以本通知为准。

农业农村部

2018 年 6 月 15 日

江苏省农业委员会
江苏省环境保护厅 公告
第 2 号

根据《畜禽规模养殖污染防治条例》第四十三条规定，经省人民政府同意，我省畜禽养殖场（小区）规模标准确定为：生猪存栏 200 头以上，家禽存栏 1 万只以上，奶牛存栏 50 头以上，肉牛存栏 100 头以上。

特此公告。

主要动物疫病免疫程序（参考）

（一）高致病性禽流感

1. 免疫对象：鸡、鸭、鹅、鹌鹑等人工饲养的禽类。

2. 疫苗品种：重组禽流感病毒（H5＋H7）三价灭活疫苗；或农业农村部批准的最新流行毒株的重组禽流感病毒疫苗。

3. 推荐免疫程序

（1）规模场

种鸡、蛋鸡：雏鸡14～21日龄时进行初免，间隔3～4周加强免疫，开产前再强化免疫，之后根据免疫抗体检测结果，每间隔4～6个月免疫一次。

商品代肉鸡：7～10日龄时，免疫一次。饲养周期超过70日龄的，需加强免疫。

种鸭、蛋鸭、种鹅、蛋鹅：14～21日龄时进行初免，间隔3～4周加强免疫，之后根据免疫抗体检测结果，每间隔4～6个月免疫一次。

商品肉鸭、肉鹅：7～10日龄时，免疫一次。

鹌鹑等其他禽类：根据饲养用途，参考鸡的免疫程序进行免疫。

（2）散养户

春秋两季分别进行一次集中免疫，每月定期补免。有条件的地方可参照规模场的免疫程序进行免疫。

4. 紧急免疫：发生疫情时，对疫区、受威胁区的易感家禽进行一次紧急免疫。最近1个月内已免疫的家禽可以不进行紧急免疫。

5. 免疫方法：家禽颈部皮下或胸部肌肉注射。2～5周龄鸡，每只0.3 mL；5周龄以上鸡，每只0.5 mL。2～5周龄鸭和鹅，每只0.5 mL；5周龄以上鸭和5～15周龄鹅，每只1.0 mL；15周龄以上鹅，每只1.5 mL。具体免疫接种及剂量按疫苗说明书的规定操作。

（二）牲畜口蹄疫

1. 免疫对象：猪、牛、羊、骆驼、鹿。

2. 疫苗品种：猪使用口蹄疫 O 型灭活疫苗、O 型合成肽疫苗；牛、羊、骆驼、鹿使用口蹄疫 O 型、A 型二价灭活疫苗。

3. 推荐免疫程序

（1）规模场

考虑母畜免疫情况、幼畜母源抗体水平等因素，确定幼畜初免日龄。如根据母畜免疫次数、母源抗体等差异，仔猪可选择在 28～60 日龄时进行初免，羔羊可在 28～35 日龄时进行初免，犊牛可在 90 日龄左右进行初免。所有新生家畜初免后，间隔 1 个月后进行一次加强免疫，以后每间隔 4～6 个月再次进行加强免疫。

（2）散养户

春秋两季分别对所有易感家畜进行一次集中免疫，每月定期补免。有条件的地方可参照规模场的免疫程序进行免疫。

4. 紧急免疫：发生疫情时，对疫区、受威胁区的易感家畜进行一次紧急免疫。最近 1 个月内已免疫的家畜可以不进行紧急免疫。

5. 免疫方法：免疫接种方法及剂量按相关产品说明书规定操作。

（三）小反刍兽疫

1. 免疫对象：羊。

2. 疫苗品种：小反刍兽疫活疫苗、小反刍兽疫山羊痘二联活疫苗。

3. 推荐免疫程序

（1）规模场

新生羔羊 1 月龄后进行免疫，超过免疫保护期的进行加强免疫。

（2）散养户

春季或秋季对本年未免疫羊和超过免疫保护期的羊进行一次集中免疫，每月定期补免。

4. 紧急免疫

发生疫情时，对疫区和受威胁区羊只进行紧急免疫。最近 1 个月内已免疫的羊可以不进行紧急免疫。

5. 免疫方法：免疫接种方法及剂量按相关产品说明书规定操作。

（四）猪瘟

1. 免疫对象：猪。

2. 疫苗品种：猪瘟活疫苗，或农业农村部批准的最新流行毒株的猪瘟疫苗。

3. 推荐免疫程序

商品猪：21～35 日龄进行初免，60～70 日龄加强免疫一次。

种公猪：21～35 日龄进行初免，60～70 日龄加强免疫一次，以后每 6 个月免疫一次。

种母猪：21～35 日龄进行初免，60～70 日龄加强免疫一次。以后每次配种前免疫一次。

4. 紧急免疫：发生疫情时对疫区和受威胁地区所有健康猪进行一次加强免疫。最近 1 个月内已免疫猪可不免疫。

5. 免疫方法：免疫接种方法及剂量按产品说明书规定操作。

（五）猪繁殖与呼吸综合征

1. 免疫对象：猪。

2. 疫苗品种：猪繁殖与呼吸综合征活疫苗（阴性场、原种猪场和种公猪站，停止使用弱毒活疫苗）。

3. 推荐免疫程序：在阳性不稳定猪场，种母猪一年免疫 3～4 次活疫苗，仔猪也需进行免疫；商品猪根据种猪群疫病状态及保育阶段猪只发病日龄评估，可以在猪群感染时间前推 3～4 周进行免疫，哺乳猪的首次免疫时间应不早于 14 日龄。其他疫苗，按产品使用说明书进行免疫。

4. 紧急免疫：发生疫情时对疫区和受威胁地区所有健康猪进行一

次加强免疫。最近1个月内已免疫猪可不免疫。

5. 免疫方法：免疫接种方法及剂量按相关产品说明书规定操作。

（六）新城疫

1. 免疫对象：鸡。

2. 疫苗品种：新城疫弱毒活疫苗或灭活疫苗。

3. 推荐免疫程序

商品肉鸡：7～10日龄时，用新城疫活疫苗或灭活疫苗进行初免，2周后，用新城疫活疫苗加强免疫一次。

种鸡、商品蛋鸡：3～7日龄，用新城疫活疫苗进行初免；10～14日龄，用新城疫活疫苗或灭活疫苗进行二免；12周龄，用新城疫活疫苗或灭活疫苗进行强化免疫；17～18周龄或开产前，再用新城疫灭活疫苗免疫一次。开产后，根据免疫抗体检测情况进行强化免疫。

4. 紧急免疫：发生疫情时，对疫区、受威胁区等高风险区域所有鸡进行强化免疫。最近1个月内已免疫的鸡可不免疫。

5. 免疫方法：免疫接种方法及剂量按相关产品说明操作。

（七）狂犬病

1. 免疫对象：犬。

2. 疫苗品种：狂犬病灭活疫苗。

3. 推荐免疫程序：对3月龄及以上的犬只进行首免，之后每年定期强化免疫一次。根据当地狂犬病流行情况对家畜等其他动物进行免疫。

4. 免疫方法：免疫接种方法及剂量按相关产品说明书规定操作。

（八）牛结节性皮肤病

1. 免疫对象：牛。

2. 疫苗品种：山羊痘活疫苗。

3. 推荐免疫程序：采用5倍免疫剂量的山羊痘疫苗，对2月龄以上牛进行免疫。每年春、秋季各免疫 1 次。

4. 免疫方法：免疫接种方法及剂量按相关产品说明书规定操作。

（九）羊痘

1. 免疫对象：新老疫区、受威胁区的羊。

2. 疫苗品种：山羊痘活疫苗。

3. 推荐免疫程序：不同品系的山羊和绵羊，一般可于 60 日龄前接种 1 次，以后每隔 12 个月加强免疫一次。

4. 免疫方法：免疫接种方法及剂量按相关产品说明书规定进行。